尤兰达的 蛋糕教科书

[加] 尤兰达·甘普（Yolanda Gampp） 著

杰里米·科姆（Jeremy Kohm） 摄影

陈 霞 等译

机械工业出版社

CHINA MACHINE PRESS

制作新奇、另类、有趣的蛋糕是网络视频频道"How to cake it"的主理人尤兰达·甘普极擅长的。本书从蛋糕制作所需的工具、材料开始介绍，带你慢慢步入新奇有趣的蛋糕世界；然后介绍基础蛋糕坯、基础奶油霜的做法，带你打好烘焙蛋糕的基础；最后以进阶的形式，从入门到进阶再到高阶，以具体蛋糕款式的制作带你掌握有关蛋糕制作的塑形、抹面、包面等技法。

本书可供专业烘焙师学习，也可作为蛋糕"发烧友"的兴趣书。愿新奇有趣的蛋糕能为你的生活带来甜蜜。

HOW TO CAKE IT: A Cakebook by Yolanda Gampp

Copyright © 2017 by How To Cake It Inc.

Simplified Chinese Translation copyright © 2020 China Machine Press

Published by arrangement with William Morrow Cookbooks, an imprint of HarperCollins Publishers

本书由HarperCollins Publishers授权机械工业出版社在中华人民共和国境内（不包括香港、澳门特别行政区及台湾地区）出版与发行。未经许可的出口，视为违反著作权法，将受法律制裁。

北京市版权局著作权合同登记　图字：01-2018-5510号。

图书在版编目（CIP）数据

尤兰达的蛋糕教科书 / （加）尤兰达·甘普（Yolanda Gampp）著；陈霞等译.
— 北京：机械工业出版社，2020.7
书名原文：How to Cake It: A Cakebook
ISBN 978-7-111-65238-0

Ⅰ. ①尤… Ⅱ. ①尤… ②陈… Ⅲ. ①蛋糕 – 糕点加工 Ⅳ. ①TS213.23

中国版本图书馆CIP数据核字（2020）第052935号

机械工业出版社（北京市百万庄大街22号　邮政编码100037）
策划编辑：卢志林　　责任编辑：卢志林
责任校对：李亚娟　　责任印制：孙　炜
北京利丰雅高长城印刷有限公司印刷

2020年7月第1版第1次印刷
210mm×225mm·15印张·2插页·426千字
标准书号：ISBN 978-7-111-65238-0
定价：88.00元

电话服务　　　　　　　网络服务
客服电话：010-88361066　　机　工　官　网：www.cmpbook.com
　　　　　010-88379833　　机　工　官　博：weibo.com/cmp1952
　　　　　010-68326294　　金　书　网：www.golden-book.com
封底无防伪标均为盗版　　机工教育服务网：www.cmpedu.com

谨以此书献给我最疼爱的儿子，

献给每天陪伴我的丈夫，

还要献给我每日思念的父亲。

给蛋糕的情书

你永远不知道你的梦想会带给你什么？我一直坚信只要刻苦钻研、勤于练习，就会取得成功——尽管我不知道为什么。我曾经独自一人在厨房里花费了超过 30000 个小时的时间来做蛋糕，在那段时间里，我从未想到有一天"How to cake it"（一个视频频道）会引起那么多人的共鸣，也不会想到有数百万人看我做蛋糕，并且亲自动手学习做蛋糕。这让我感到无比自豪。人们留言问我："那真的是蛋糕吗？！"我会心一笑。

我从很小的时候就开始烘焙，灵感来自我的父亲，他是一位面包师，也是我心目中的英雄。我把他手写的香蕉玛芬食谱用相框挂在我的厨房里，现在还在用他的锯齿刀切蛋糕——它比我的年纪还大！上了烹饪学校后，我知道厨师这个职业并不适合我，烘焙才是我想专注的领域。于是我去一家大型的商业面包店找了一份工作，这家面包店制作经典的冰激凌蛋糕和糖果，于是我开始学习基础知识。有一段时间，我每天要给 120 个蛋糕上糖霜。

但是后来发生了一件事，一位女士拿着一本杂志走进面包店，杂志上有一张用一种叫翻糖的东西装饰成的蛋糕的图片。我着迷了——它简直就是烘焙和艺术的结合！我设法找到了几本关于异形蛋糕的书。当我翻阅它们的时候，我完全受到了启发，并下决心要弄明白那些蛋糕是怎样做成的。

只要有机会我就开始自己尝试，为每一个愿意吃蛋糕的人做蛋糕。我勇于冒险，不断尝试新事物，永不放弃。在厨房里不知不觉就几个小时、几个星期，最后几年过去了。我辞去了面包店的工作，这样我就可以用全部的时间制作新奇的蛋糕了。我做的蛋糕也开始受到关注。写一本我自己的烘焙书一直是我的一个梦想。

当我做了一个又一个蛋糕之后，我会想象我的烘焙书会是什么样，我想写的蛋糕品种，以及当我看到它与所有我喜欢的烘焙书一起出现在书架上时的感觉。我自认为我有这种能力，但我如何才能使之成为现实呢？

2014 年秋天，我发现自己正处于人生重要的十字路口。此时我的儿子只有一岁，我的大量精力花费在做一个全新的令人兴奋的角色——妈妈上。作为一个蛋糕艺术家，我真的不知道下一步该干什么。两个重要的机会并没有像我所希望的那样出现。我全身心地投入的一档名叫《糖星》（Sugarstars）的电视节目被取消了，我也被迫放弃了原先准备为各种活动制作新奇蛋糕和甜点的业务。但正如人们所说的一样，当一扇门关闭时，另一扇门会为你打开……

一天，《糖星》的制作人，也是我的好朋友，康妮和乔斯林打电话给我，问我有没有兴趣创建一个 YouTube（油管）频道，专门介绍我的蛋糕。但这份工作存在许多风险，就是我必须做大量的工作，但不能保证一定会成功。我转念一想，我又能失去什么呢？于是我们干了起来。"How to cake it"让我创作出了我一直梦想的蛋糕，也让康妮和乔斯林创作出了她们真正相信的内容。令我惊讶的是，

这个频道目前已经发展成为一个拥有 600 多万名蛋糕爱好者的全球社区（而且还在不断壮大）！这也反映出我们三个人都非常看重的三件事，即协作性、创造性和一致性。三个女人的合作，每个人都有自己的激情，我们的创造力源于如何与世界分享激情，还有我们一致的信任彼此。

《尤兰达的蛋糕教科书》展示了我从烘焙初学者到专业蛋糕师的经历，它的出版初衷是：无论你是刚开始做蛋糕还是已经成为一名熟练的蛋糕师，都能从中学习并成长。这本书通过介绍详细的食谱和提示来帮你建立核心技能和信心。其中也包含数百张照片，希望能帮你唤起潜能、激情和灵感（我自己的思维是视觉化的，所以我总是倾向于研究书中的图片，而不是阅读文字说明）。我全身心地投入到这本书中每一块蛋糕的制作，这是我做过的最困难但也是最有成就感的项目。我是一个多愁善感的人，所以你可能会注意到我试图把对我来说最重要的人编入一些食谱中。

我们从"尤氏配方表"开始，在这里我列出了这本书中制作蛋糕需要的所有食谱。它们是制作

新奇蛋糕的基础，所以要尽量按照食谱做，即使你第一次做失败了也不要担心。记住我上面所说的：经常练习，就会有回报！接下来，在"尤氏经验"部分，我将与大家分享我在蛋糕制作方面的建议、窍门和基本技巧。

　　然后真正的乐趣开始了！在蛋糕制作部分，我将教你如何制作新奇的蛋糕，让你的朋友和家人为之倾倒。从"入门蛋糕"开始，然后构建"进阶蛋糕"，最后以"高阶蛋糕"结束。在此过程中，你将学习如何与翻糖共事，如何雕刻，如何完善你的蛋糕抹面，最重要的是如何享受做蛋糕这件事！我最深切的愿望是你能自己做每一块蛋糕——让你的想象力驰骋。致令我吃惊的粉丝们（YoYos）：感谢你们每一个人的评论、爱和鼓励。你们是《尤兰达的蛋糕教科书》诞生的原动力，无论频道还是书都有无限可能。你们很多人告诉我，我对你们的生活产生了积极的影响。你们的话使我感到惭愧，但我也需要你们知道：你们同样也以我无法解释的方式对我的生活产生了积极的影响。

对于那些新加入这个社区的人，欢迎你们！希望你们能和我分享你们创造的神奇蛋糕，也希望你们能像我一样享受制作蛋糕的乐趣。

　　当你读完这本书的时候，请记住，创造力就是要相信自己，敢于冒险。如果我没有那么做，我就不会在这里了。

爱你们的

Yo xo

目录

尤氏配方表	尤氏 巧克力蛋糕 20	尤氏 香草蛋糕 22	尤氏粉 丝绒蛋糕 24	尤氏 椰子蛋糕 26
尤氏经验	如何烤蛋糕 42	如何将 蛋糕分层 46	如何运用 简易糖浆 50	如何涂抹 奶油霜 52
1 入门蛋糕	炸鸡和华夫饼 71	墨西哥玉米饼 77	彩虹烤奶酪 85	比萨 93
2 进阶蛋糕	巨型苹果棒棒糖 131	沙桶 139	小猪存钱罐 149	椰子 159
3 高阶蛋糕	招牌字母蛋糕 199	礼盒 209	工具箱 219	甜筒 235

这里有关于烤蛋糕和做蛋糕的全部内容。

YOYO

9

烘焙基本原料

可可粉

为了得到浓郁口味的蛋糕，我选用荷兰可可粉

糖果级糖粉

中筋面粉（通用面粉）

撒在翻糖表面，这样翻糖就不会粘在一起了

1 TSP

1/2 TSP

小苏打

发酵粉

格林纳达香草

我只用格林纳达香草，产自我母亲的家

鸡蛋 ↘

全脂牛奶 ↘

↙ 细砂糖

宝温

我一般都用无盐黄
油，除了制作椰子
蛋糕，使用室温软
化的黄油

↙ 脱脂牛奶

既可以买到，
也可以自己制
作（见第24页）

↙ 油脂含量35%的淡奶油

黄油

我使用精制食盐

半甜的巧克力

食盐

可可含量36% ~ 72% 的
巧克力是甘纳许和巧克
力奶油霜的完美搭配

11

烘焙基本工具

橡皮刮刀 →

打蛋器

木勺

勺子和量杯

厨房计时器

别忘了每次
烘烤时都要
调好

蛋糕测试仪

冷却架（金属网架）

探针温度计

用于冷却蛋
糕，有助于
蛋糕下方的
空气流通

这是我做意
式奶油霜的
必需品（见
第28页）

便于搅打

烘焙纸

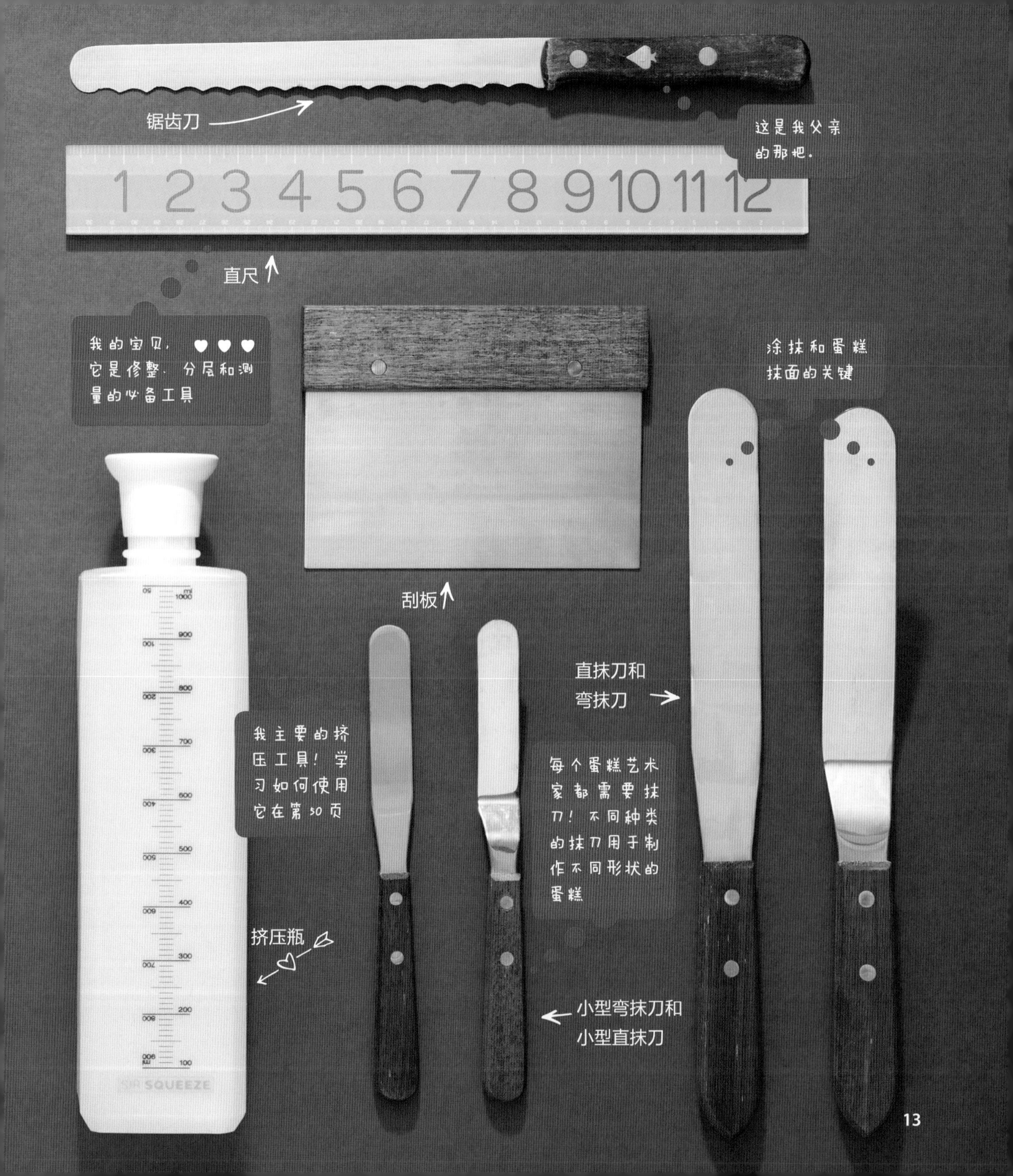

锯齿刀 →

这是我父亲的那把。

1 2 3 4 5 6 7 8 9 10 11 12

直尺 ↑

我的宝贝，♥ ♥ ♥
它是修整、分层和测量的必备工具

涂抹和蛋糕抹面的关键

刮板 ↑

我主要的挤压工具！学习如何使用它在第30页

直抹刀和弯抹刀 →

每个蛋糕艺术家都需要抹刀！不同种类的抹刀用于制作不同形状的蛋糕

挤压瓶

← 小型弯抹刀和小型直抹刀

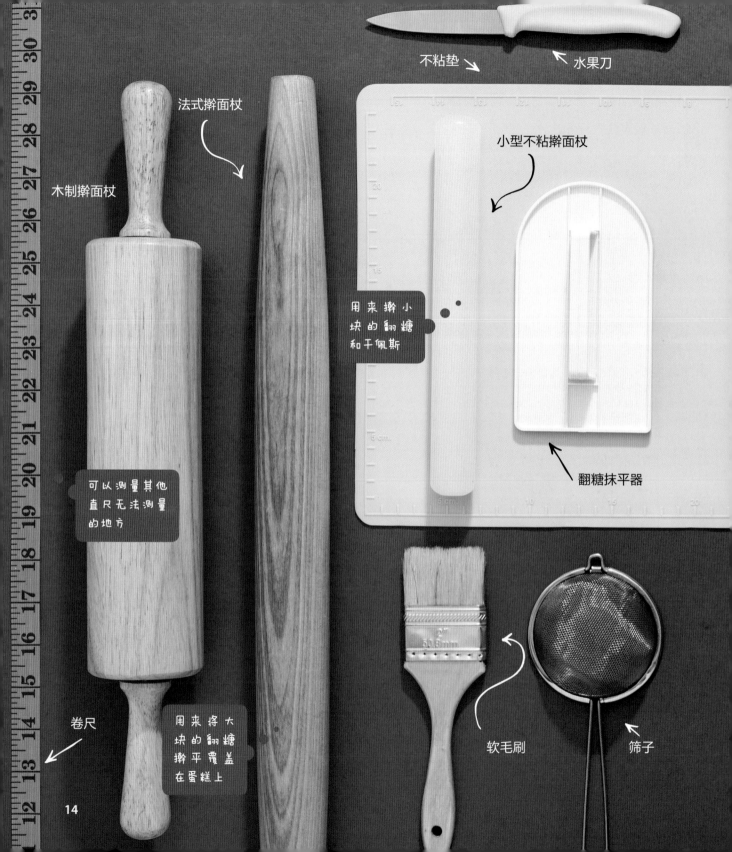

不粘垫 ↘

←水果刀

法式擀面杖

木制擀面杖

小型不粘擀面杖

用来擀小
块的翻糖
和干佩斯

可以测量其他
直尺无法测量
的地方

翻糖抹平器

卷尺

用来将大
块的翻糖
擀平覆盖
在蛋糕上

软毛刷

筛子

14

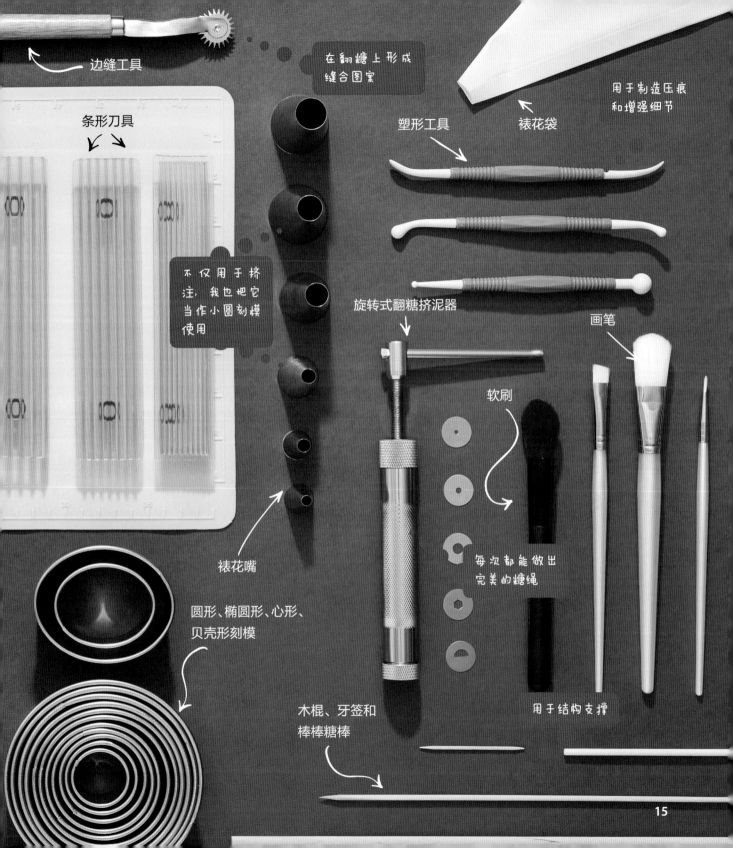

边缝工具

在翻糖上形成缝合图案

用于制造压痕和增强细节

塑形工具

裱花袋

条形刀具

不仅用于挤注，我也把它当作小圆刻模使用

旋转式翻糖挤泥器

画笔

软刷

裱花嘴

每次都能做出完美的糖绳

圆形、椭圆形、心形、贝壳形刻模

用于结构支撑

木棍、牙签和棒棒糖棒

15

BAK

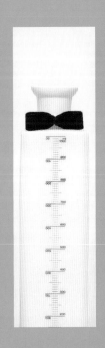

尤氏配方表

　　欢迎来到我的个人收藏部分，它们都是我尝试过、测试过的真正的烘焙配方。从基础香草蛋糕到著名的意式奶油霜，你会发现我所有的蛋糕都有烘焙图纸。我已经用了 17 年的时间来完善它们，我相信它们能让我的蛋糕吃起来和看起来一样美味——新奇的蛋糕有时不一定好吃。人们会告诉我，他们尝试过的蛋糕食谱要么不够结实，要么不适合雕刻，要么因为太稠或太干而缺乏味道。但我已经花了将近 20 年的时间来完善这些配方，以制作出滋润的、奶油味浓郁的美味蛋糕，这些蛋糕在冷冻状态下可以很好地进行塑形。当然，无论需要多长时间来装饰，我的神器——挤压瓶和简易糖浆都有助于保存蛋糕里的水分和香味。

　　尽管这些配方非常适合制作各种新奇蛋糕，但也可以用于做简单的、日常的蛋糕，这将有助于建立烘焙自信心和满足爱吃甜食者的愿望。

　　享受烘焙的乐趣，在于可以随心所欲地装饰蛋糕，而不是停留在配方上。蛋糕是一门艺术，烘焙是一门科学，这些配方应该严格遵循。现在，是时候卷起袖子，打开你最喜欢的厨房播放列表，开始烘焙了！

尤氏配方表

尤氏巧克力蛋糕

这款巧克力蛋糕是我的首选配方。滋润美味，又足够强韧，可以将其切割成各种不同的形状。这个配方我已经做了 15 年，其间不断地进行调整。无论是抹奶油奶酪、覆盖翻糖，还是涂巧克力甘纳许，这款巧克力蛋糕都从来没让我失望过。

如果你正准备做一个新奇的蛋糕，可以用这个配方，使用不同的模具、适当的烘烤时间，就可以制作出你喜欢的新奇蛋糕。

此配方可制作一个 23 厘米 ×33 厘米的长方形蛋糕或两个 8 英寸的圆蛋糕

配方

2³⁄₄ 杯	中筋面粉
2 茶匙	泡打粉
1¹⁄₂ 茶匙	小苏打
1 茶匙	食盐
1 杯	可可粉
1 杯（2 块）	无盐黄油，室温软化
2¹⁄₂ 杯	细砂糖
4 个	鸡蛋（大号），置于室温

1 烤箱预热到 180℃。烤盘底部铺上一层烘焙纸（具体方法参见第 42 页）。

2 将中筋面粉、泡打粉、小苏打和食盐一起过筛，倒入一个中号的打蛋盆中，混匀备用。

3 将可可粉倒入一个中号的耐热盆中，加入 2 杯沸水，用搅拌器搅拌至顺滑，放在一边冷却备用。

⊖ 1 英寸 =2.54 厘米，因大众习惯性地用英寸计量蛋糕，故保留英寸。 ——译者注

4 将黄油和细砂糖倒入搅拌缸中，用拍式搅拌桨中速搅拌至绒毛状，大约需要 8 分钟。

5 分两次加入鸡蛋，一次加两个，打到鸡蛋完全与黄油融合后，再加下一批。需要时停机，用橡皮刮刀刮下粘在搅拌缸壁上的物料，然后继续搅拌。

6 将面粉混合物分 4 次加入搅拌缸中，中间加入可可混合物，即加一次面粉、加一次热可可混合物。搅拌至各种原料混合均匀即可，不要过度搅拌。

7 将搅拌好的面糊倒入准备好的模具中，放入预热好的烤箱中烘烤。长方形模具大约需要 45 分钟，8 英寸圆形模具大约需要 55 分钟，烤至用牙签插入蛋糕中心最厚的部位取出后

是干净的，说明蛋糕已烤好。中途可旋转烤盘使蛋糕上色更均匀。

8 将蛋糕取出放在冷却架上，直至完全冷却。用保鲜膜包起来冷藏过夜。第二天取出后，用一把直抹刀插入蛋糕边缘，并沿模具边缘转一圈，将蛋糕从模具中取出后，倒扣并揭掉底部的烘焙纸。

尤氏香草蛋糕

　　这是一款真正令我骄傲的香草蛋糕。我喜欢它恰到好处的奶油香味和甜味，其质地非常适合用来制作涂抹黄油酱的简单奶油蛋糕，切块后也可以制作异形蛋糕。这款香草蛋糕具有家庭烘焙的细腻口感和香味，比各种售卖的添加了香草香精的蛋糕好吃很多。

　　如果用于制作异形蛋糕，需根据配方用量选择适合尺寸的模具和烘烤时间。

此配方量可制作一个 23 厘米 ×33 厘米的长方形蛋糕或两个 8 英寸的圆蛋糕

你能在香草蛋糕上做什么有趣的事呢？用食用色素给它染色，或者撒上五彩的节日装饰！

配方

2 1/2 杯	中筋面粉
2 1/2 茶匙	泡打粉
1/2 茶匙	食盐
1 杯（2 块）	无盐黄油，室温软化
2 杯	细砂糖
1 茶匙	纯香草香精
4 个	鸡蛋（大号），置于室温
1 杯	全脂牛奶

1 烤箱预热到 180℃，烤盘底部铺上一层烘焙纸（具体方法参见第 43 页）。

2 将中筋面粉、泡打粉和食盐一起过筛，倒入一个中号的打蛋盆中，混匀备用。

3 将黄油、细砂糖和香草香精倒入搅拌机的搅拌缸中，用拍式搅拌桨中速搅拌至绒毛状，大约需要 8 分钟。

4 分两次加入鸡蛋，一次加两个，打到鸡蛋完全与黄油融合后，再加下一批。需要时停机，用橡皮刮刀刮下粘在搅拌缸壁上的物料，然后继续搅拌。

5 将面粉混合物分四次加入搅拌缸中，中间加入牛奶，即加一次面粉、加一次牛奶。搅拌至各种原料混合均匀即可，不要过度搅拌。

6 将搅拌好的面糊倒入准备好的模具中，放入预热好的烤箱中烘烤。长方形模具大约需要40分钟，8英寸圆形模具大约需要45分钟，烤至用牙签插入蛋糕中心最厚的部位取出后是干净的即可。中途可旋转烤盘，使蛋糕上色更均匀。

7 将蛋糕取出放在冷却架上，直至完全冷却。用保鲜膜包起来，冷藏过夜。第二天取出后，用一把直抹刀沿模具边缘转一圈，将蛋糕从模具中取出后，倒扣并揭掉底部的烘焙纸。

尤氏配方表

尤氏粉丝绒蛋糕

这款靓丽醒目的蛋糕灵感源自于我最著名的西瓜蛋糕（见第 119 页）。与传统的红丝绒蛋糕面糊不同，这款面糊不含可可粉，因为可可粉会盖过粉色。

但不要止步于粉色，可以尝试彩虹中的所有颜色！

> 如果没有脱脂牛奶，可将 2 茶匙苹果醋或蒸馏白醋倒入 2 杯常温全脂牛奶中搅拌 10~15 分钟，直到牛奶稍微变稠。

此配方可制作一个 23 厘米 ×33 厘米的长方形蛋糕或两个 8 英寸的圆蛋糕

配方

4 杯	中筋面粉
2 茶匙	食盐
1 杯（2 块）	无盐黄油，室温软化
1/3 杯	植物油
3 杯	细砂糖
1½ 茶匙	纯香草香精
4 个	鸡蛋（大号），置于室温
1 汤匙	凝胶食用色素：玫红色
1/2 茶匙	红色食用色素
2 杯	脱脂牛奶，室温（见提示）
2 茶匙	小苏打
2 茶匙	苹果醋

1 烤箱预热到 180℃。烤盘底部铺上一层烘焙纸（具体方法参见第 43 页）。

2 将中筋面粉和食盐一起过筛，倒入一个中号的打蛋盆中，混匀备用。

3 在立式搅拌机的搅拌缸中，将黄油、植物油、细砂糖和香草香精混合，用拍式搅拌桨中速搅打至混合均匀，约 5 分钟。

4 加入 1 汤匙玫红色食用色素和 1/2 茶匙红色食用色素，搅拌至面糊完全上色均匀。刮净搅拌缸的边缘和底部，确保所有混合物都能上色。

5 分两次加入鸡蛋,一次加两个,打到鸡蛋完全与黄油融合后,再加下一批。需要时停机,用橡皮刮刀刮下粘在搅拌缸壁上的物料,然后继续搅拌。

6 将面粉混合物分 4 次加入搅拌缸中,中间分次加入脱脂牛奶,即加一次面粉、加一次脱脂牛奶。搅拌至各种原料混合均匀即可,不要过度搅拌。

7 取一个小杯子,混合小苏打和苹果醋。开动搅拌机,立即将混合物倒入面糊中,搅打 10 秒钟。

8 将搅拌好的面糊倒入准备好的模具中,放入预热好的烤箱中烘烤。长方形模具大约需要 45 分钟,8 英寸圆形模具大约需要 55 分钟,烤至用牙签插入蛋糕中心最厚的部位取出后

是干净的即可,中途可旋转烤盘使上色均匀。

9 将蛋糕取出放在冷却架上,直至完全冷却。用保鲜膜包起来,冷藏过夜。第二天取出后,用一把直抹刀沿模具边缘转一圈,将蛋糕从模具中取出后,倒扣并揭掉底部的烘焙纸。

尤氏椰子蛋糕

　　我是个椰子迷。我是半个格林纳达人,所以我想这是我的血统。我喜欢椰子蛋糕淡淡的甜味和无穷的回味。这个配方既添加了椰奶,又添加了甜椰蓉,相当于拥有了双倍的椰子香味,因而不需再添加椰子香精了。我非常喜欢这款蛋糕,我甚至用这款美味的蛋糕征服了许多不喜欢椰子的人。

　　如果用于制作异形蛋糕,需根据异形蛋糕的配方用量选择烤盘和烘烤时间。

此配方可制作一个 23 厘米 ×33 厘米的长方形蛋糕或两个 8 英寸的圆蛋糕

配方

3 杯	中筋面粉
1 汤匙	泡打粉
1 杯	甜椰片或椰丝
1 杯（2 块）	有盐黄油,室温软化
2 杯	细砂糖
2 茶匙	纯香草香精
4 个	大号鸡蛋的蛋白,置于室温
4 个	鸡蛋（大号）,置于室温
2¹/₃ 杯	无糖椰奶

1 烤箱预热到 180℃。烤盘底部铺上一层烘焙纸（具体方法参见第 42 页）。

2 将中筋面粉和泡打粉一起过筛,倒入一个中号的打蛋盆中,然后拌入甜椰片,混匀备用。

3 将黄油、细砂糖和香草香精倒入立式搅拌机的搅拌缸中,用拍式搅拌桨中速搅拌均匀,约需 8 分钟。

4 分两次加入蛋白和鸡蛋，一次加两个，打到蛋液完全与黄油融合后，再加下一批。需要时停机，用橡皮刮刀刮下粘在搅拌缸壁上的物料，然后继续搅拌。

5 将面粉混合物分 4 次加入搅拌缸中，中间分次加椰奶，即加一次面粉、加一次椰奶。搅拌至各种原料混合均匀即可，不要过度搅拌。

6 将搅拌好的面糊倒入准备好的模具中，放入预热好的烤箱中烘烤。长方形模具大约需要45 分钟，8 英寸圆形模具大约需要 55 分钟，烤至用牙签插入蛋糕中心最厚的部位取出后是干净的即可，中途可旋转烤盘，使上色均匀。

7 将蛋糕取出放在冷却架上，直至完全冷却。用保鲜膜包起来，冷藏过夜。第二天取出后，用一把直抹刀沿模具边缘转一圈，将蛋糕从模具中取出后，倒扣并揭掉底部的烘焙纸。

尤氏意式奶油霜

我很喜欢用意式奶油霜，原因：一是它的顺滑，可以完美地涂抹在翻糖的表面；二是口味，它具有奶油般的轻盈，又不会像美式或其他奶油霜那么甜，因为它不依赖于糖粉。

如果你用的是冷冻奶油，需提前放在冰箱冷藏室中解冻一整夜，然后在室温下放置2~4小时。如果你等不了那么久，可以把冷冻的奶油放在搅拌缸中，用热毛巾包住搅拌缸，高速搅拌至室温。

此配方大约可制作 6 杯意式
奶油霜

配方

1³/₄ 杯	细砂糖
1/2 杯	水
8 个	大号鸡蛋的蛋白，置于室温
2 杯（4 块）	无盐黄油，切成茶匙大小，室温软化
1 茶匙	纯香草香精

1 取一个小平底锅，加入细砂糖和半杯水，中火加热至沸腾。把探针温度计夹在锅的一边。

2 在加热糖浆时，将蛋白放入搅拌缸中。

3 当糖浆温度达到 110℃ 时，开始用中速搅打蛋白至硬性发泡。

4 当糖浆温度达到 115℃ 时，立即关火，将糖浆沿搅拌缸边缘呈流线倒入正在搅打的蛋白中，不要倒在搅拌桨上。

5 继续高速搅打至蛋白糊浓厚有光泽、搅拌缸外壁不烫，需要 8~12 分钟。

6 继续搅拌，并一块一块地加入黄油，等黄油与蛋白完全融合后再加入下一块，偶尔停机用刮刀刮一下缸壁。

7 待所有黄油都加完后，继续搅打至浓稠细腻，需要 3~5 分钟，最后加入香草香精。

8 制作好的意式奶油霜可立即使用，也可以装入密封容器中放入冰箱，冷藏可保存 1 周，冷冻可以保存 2 个月。在使用冷藏或冷冻的意式奶油霜之前需回温至室温，搅拌使其平滑。

尤氏配方表

尤氏瑞士巧克力奶油霜

我很喜欢这款奶油霜，因为它既像意式奶油霜一样轻盈，又具有浓郁的巧克力香味。其口感不是很油腻，可以与任何一款蛋糕完美搭配，既有浓郁的巧克力香味，又不影响其他口味。如果你家里有巧克力爱好者，那么可以在所有蛋糕上都用这款奶油霜！

此配方大约可制作 6 杯巧克力奶油霜

配方

510 克	黑巧克力
1 杯	细砂糖
1/4 茶匙	食盐
1/8 茶匙	塔塔粉
4 个	大号鸡蛋蛋白
2 杯（4 块）	无盐黄油，切成茶匙大小，室温软化

1 将巧克力切得越细越好，然后放入一个耐热的碗中，把碗放在汤锅上隔水加热（不要让碗内溅入水）。

2 待巧克力完全熔化，搅拌至光滑，取出碗，边冷却边准备奶油。把那锅水还留在炉子上，因为你马上还会用到它。

3 将细砂糖、食盐和塔塔粉倒入立式搅拌机的搅拌缸中，搅拌均匀后，加入蛋白搅打至完全混合。

4 将装有蛋白的碗放在汤锅中隔水加热（同样，不要让碗内进水）。不停地搅拌直至混合物变得微热，大部分糖都溶解（用手摸时还会有少量的糖颗粒），需要 2~5 分钟。

5 将搅拌缸安装到立式搅拌机上，倒入蛋白混合物高速搅拌直至蛋白表面变厚变光滑，搅拌至缸外壁不是太热，大约需要 5 分钟。

6 一边搅打，一边分次加入黄油，一次一块，等黄油与蛋白霜完全融合后再加入下一块。如果在加黄油的时候发现糖霜有结块，不用担心，只要不停搅拌，就能变顺滑。偶尔停机用刮刀刮一刮缸壁。

7 所有黄油都加完后，继续搅打奶油霜直至浓稠顺滑，需要3~5分钟。

8 此时检查熔化好的巧克力是否呈柔软的液体，如果已经冷却变硬，可以将碗放回热水锅上继续加热搅拌几秒钟，直至巧克力变细腻，但不要过热。将巧克力液倒入奶油霜中高速搅拌至完全融合。

9 搅拌好的巧克力奶油霜可直接使用，也可以放在阴凉干燥处保存一天。如果提前一天做好，可以装入密闭容器里，放冰箱冷藏可以储存一个星期，冷冻可以储存一个月。冷藏或冷冻的奶油霜在使用前需加热到室温，搅拌使其顺滑。

尤氏简易糖浆

　　如果看过一小部分《尤兰达的蛋糕教科书》，你就会知道我常用到的简易糖浆和"挤压先生"——神奇的简易糖浆喷壶（赶快重复说五遍！）。我把这种神奇的混合物喷洒在每一个蛋糕上，从而使它们在整个组装、装饰和冷藏过程中保持湿润。在制作复杂的异形蛋糕时，这一点尤其重要，因为通常需要好几天的时间来制作翻糖装饰、覆盖和组装等。有关如何使用简易糖浆的详情请参阅第50页。

此配方可制作大约 1¹/₂ 杯糖浆

配方

1 杯	细砂糖

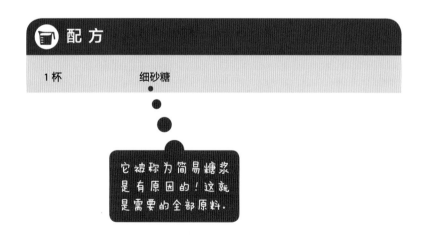

它被称为简易糖浆是有原因的！这就是需要的全部原料。

1 取一个小汤锅，倒入细砂糖和一杯水，中火煮沸，搅拌直至糖完全溶解。

2 完全冷却后，盖上盖子，放入冰箱中可冷藏保存 1 个月。

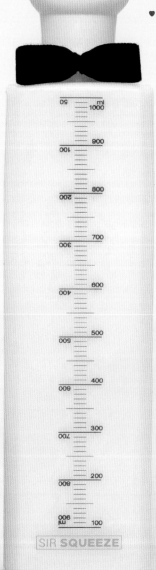

尤氏黑巧克力甘那许

甘那许是我最喜欢的用来将巧克力加入蛋糕中的方法之一。可以做蛋糕淋面，挤在纸杯蛋糕上用吸管吹，甚至用来抹面！它简单又丰富，瞬间就能取悦大众，几乎是你能得到的最接近纯熔化巧克力口感的巧克力了。

巧克力和淡奶油的比例（按重量 1:1）可以制作出可浇注的甘那许，冷却后会变得像奶油一样顺滑。

此配方可制作 3 杯黑巧克力甘那许

若要制作白巧克力甘那许，只需用 900 克白巧克力代替 450 克黑巧克力。

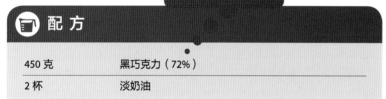

我使用可可浓度在 56% ~ 72% 的黑巧克力。

📋 配方

450 克	黑巧克力（72%）
2 杯	淡奶油

1 将黑巧克力切得越细越好，放在耐热的碗里。

2 将淡奶油倒入汤锅，中火加热。稍微煮一会儿——可以看到锅的边缘有气泡，淡奶油里有气泡溢出，但不要让它沸腾。

3 将热奶油倒入巧克力中，用盖子或保鲜膜盖住，静置 10~15 分钟。

4 揭开盖子，用刮刀从中间开始轻轻搅拌。搅拌至甘那许开始变黑，变成天鹅绒般的混合物。为了确保没有结块，可以将甘纳许过筛到另一个干净的碗中。

5 此时可以用于巧克力淋面或蘸酱。如果用作巧克力屑撒在食物表面的的话，则需要冷却几个小时或一夜后使用。

6 如果一天后使用，可以将甘那许装入一个密闭容器中，冰箱冷藏可存放一周，冷冻可存放 2 个月。在使用冷藏或冷冻的甘那许之前，需加热到室温。

如果在使用过程中甘那许变稠且无法扩散开，可以放入微波炉中加热一下，每次不超过 10 秒钟。

尤氏配方表

尤氏蛋白糖霜

　　我认为蛋白糖霜是制作蛋糕的"万能胶"——它能把任何物料粘在一起！蛋白糖霜是最坚固的食用胶，水或管状凝胶都不能使它溶解。我总是在冰箱放一盒蛋白糖霜，它是粘贴翻糖小部件、掩盖瑕疵、修补和掩盖白色蛋糕上翻糖接缝的完美工具。并且这款蛋白糖霜做起来非常简单——只需要将两种原料用搅拌器搅打一会儿就可以了。其最大的优点是用它粘蛋糕不仅很牢固，而且不会像普通强力胶水一样粘手指！

此配方可制作大约
1¼ 杯蛋白糖霜

配方	
2½ 汤匙	蛋白粉
1¾ 杯	精制细砂糖

1 取一个中等大小的碗，放入蛋白粉和 3 汤匙水搅拌到起泡。

2 加入精制细砂糖，用手持搅拌器低速搅拌至黏稠光滑，需 3~5 分钟。将搅拌器调到中速，再搅拌 1 分钟。

3 如果糖霜太稀，可以加糖粉使它变稠；如果太稠了，可以加点水搅拌。

4 使用糖霜前要用湿布把碗盖上。

5 如果你提前几个小时做好了糖霜，可以将它放到一个密闭容器中并放入冰箱储存。糖霜在冰箱里最多能保存一个月。

可以用食用色素给蛋白糖霜调色：一次加一点，搅拌均匀后再加，直到得到你想要的颜色。

尤氏配方表

尤氏塑形巧克力

在我的蛋糕装饰方法中，塑形巧克力是最通用的方法之一。你可以给它染色，用它捏塑出精致的装饰，甚至用它塑造出你想要的造型巧克力。这个方子的唯一诀窍就是要提前调好巧克力——需要放置一天后才能使用。不要以为白巧克力片可以代替复合巧克力——你得不到同样顺滑、好操作的稠度。

此配方可以做 460 克
左右塑形巧克力

你也可以做塑形黑巧克力，只要用复合黑巧克力代替白巧克力，用淡的或普通的玉米糖浆就可以。

配方

340 克	白色复合巧克力
1/2 杯	淡玉米糖浆
	凝胶食用色素（可选，见蛋糕食谱）

1 把复合巧克力和淡玉米糖浆放在耐热的碗里，将碗置于装有微沸水的汤锅上隔水加热（不要让碗内溅入水）。

2 待巧克力稍微熔化，用抹刀轻轻搅拌，混合各种原料，搅拌至均匀顺滑。

3 如果要给塑形巧克力上色，可将其分装在不同的碗里，在巧克力冷却前加入食用色素搅拌均匀。

4 待巧克力冷却至室温，用保鲜膜盖住碗，在室温下静置一夜。

尤氏经验

如果知识就是力量，那么这一章内容将会让你成为一个烘焙达人！这些都是我制作蛋糕的核心技术——所有新奇的蛋糕制作技巧和制作过程都是我花了大量时间自学的。从简易糖浆到蛋糕包覆和冷却，这些基本的蛋糕制作技法是提升技能的基础。在我的这本书和 YouTube 频道上展示的每一个新奇蛋糕中都用到了这些技巧和方法，所以它们是学习各种蛋糕制作的第一步。

蛋糕制作既是一门艺术，同时又是一项手艺活。其艺术性在于可以让你享受创造和实验的乐趣，而工艺性在于要求你有实践基础。我通过书本和实践学到了制作新奇蛋糕的所有知识和技能，希望你们也能和我一样。虽然我做蛋糕已经有这么多年，但我仍希望能学到更多。我希望大家也有同样的感觉，并把这本书作为你的指南。练习这些技巧，且一定要坚持下去，很快你就会和我一样了——静待佳音！

如何烤蛋糕

🧈 需要的物品

蛋糕模具（7.5 厘米深）或圆形蛋糕模具	蛋糕糊（第 20~27 页）
烘焙纸	橡皮刮刀
铅笔	水果刀或平口抹刀
剪刀	计时器
植物起酥油	蛋糕测试仪或牙签
	冷却架

蛋糕模具不能太浅！需要7.5厘米深，这样你的蛋糕才能堆叠起来！

1 烤箱预热到 180℃。将蛋糕模具放在烘焙纸上，用铅笔描出它的轮廓。用剪刀把烘焙纸剪成模具大小，然后铺在蛋糕模具的底部。在蛋糕模具的底部可以抹一些起酥油，以固定烘焙纸。

2 用橡皮刮刀将蛋糕糊刮到准备好的模具中——不浪费任何一点美味的蛋糕糊！

3 为了让烘焙纸与圆形蛋糕模具很好地贴合在一起，可以裁一张比蛋糕模具直径大 2 英寸的圆形烘焙纸。如果你刚好有一个大 2 英寸的蛋糕模具，你可以用它在烘焙纸上画线。把这个圆对折，然后再对折。用剪刀沿着折叠线从外缘剪到离圆心一半处，然后再剪 3~5 个长度相同的切口（就像切馅饼一样）。这样，烘焙纸就能与模具完美贴合而不会起皱。用起酥油把烘焙纸粘在蛋糕模具上，让裂缝自然重叠。

4 如果面糊很稠（如香草蛋糕糊），不能自然平铺，就用橡皮刮刀把顶部抹平，确保填满模具的各个角落。

5 用水果刀或平口抹刀去除面糊中的气泡，在面糊上划格子，先横着划，后竖着划。将烤盘在桌面上轻敲几下，以除去多余的气泡。

有些蛋糕需要分步烘烤，需要重新摆放烤箱架以适应不同的蛋糕模具。如果使用传统烤箱，那就把蛋糕放在中层烤就可以了，不要放在上层烘烤。

6 将计时器设定为推荐烘烤时间的一半。当计时器响起时，将蛋糕模具旋转 180 度。再将计时器设定为比剩余烘烤时间少 5~10 分钟。因为烘焙时间都是预计的，而且每一个烤箱都不相同，所以在烤蛋糕时需要不停观察。

我更喜欢带这种边的烤盘，而不是有斜角的。

7 检查蛋糕是否成熟的方法：将蛋糕测试仪或牙签插入蛋糕的中心后取出，如果有面糊或湿粘连物粘在测试仪上，则需要继续烘烤 10 分钟，然后再次检查。烘烤完成的蛋糕，取出的测试仪或牙签表面应该是干净的。

8 取出蛋糕，放到冷却架上，让它在模具中完全冷却后，用保鲜膜包起来，然后冷藏过夜（这有助于蛋糕变硬，保持形状）。

9 蛋糕脱模：用一把平口抹刀贴着模具的边缘划一圈。将蛋糕倒扣在蛋糕板或工作台上，然后撕掉烘焙纸。

CAKÉ

如何将蛋糕分层

🔒 需要的物品

蛋糕

圆转台

直尺

锯齿刀

用来装蛋糕屑的碗

got cake?

1 把蛋糕脱模后，撕掉烘焙纸，放在转台上。因为蛋糕的高度可能不一致，所以确定蛋糕最短的边很重要。将直尺立直，与蛋糕最短边齐平，并在顶部用锯齿刀做标记。继续慢慢移动直尺，用锯齿刀在四周标记相同的高度。把你的手放在蛋糕顶面，轻轻地转动转盘。用锯齿刀沿着标记处，在蛋糕周围切一个浅的、连续的切口。

2 继续旋转蛋糕，切得稍微深一点，直到中心处。这是确保切得厚薄均匀的最好方法。

我喜欢用长锯齿刀，这样就能始终看到露在外面的刀刃，可以确保刀尖不会切进蛋糕的中心，形成山谷状。

蛋糕碎边很美味，不要丢掉。

③ 把圆顶取下来，放进碗里。

④ 把蛋糕倒扣过来，使用相同的方法去除蛋糕底部焦化的薄层（褐色部分）。我通常去掉 0.3~0.6 厘米厚的焦化部分。把这些也放进碗里。

5 若要将蛋糕分成两层，用直尺找出蛋糕侧面的中点，然后用小刀在蛋糕周围逐渐标记。用平分蛋糕的方法，把蛋糕切成两半。

如何运用简易糖浆

 需要的物品
挤压瓶
漏斗
尤氏简易糖浆（第 32 页）装在液体量杯中
切分好的蛋糕片

1 取下挤压瓶顶部的喷嘴，插入漏斗，慢慢地将糖浆通过漏斗倒入瓶中。取掉漏斗，安装顶部喷嘴。为确保将喷嘴拧紧，按一下它以防泄漏。

② 把挤压瓶倒过来，保持直立状态，用双手将糖浆挤淋在蛋糕片上，从外向内，一定不要挤过多糖浆。

③ 让糖浆吸收 5~10 分钟，然后进行填充和分层。如果糖浆还没有完全浸透，就很难涂抹你想要的馅料，所以一定要给足时间让它吸收。

如果你没有挤压瓶，可把简易糖浆倒进一个小碗里，用软毛刷刷在蛋糕片上。使用软毛刷时要小心，因为软毛会脱落到蛋糕上（这就是我更喜欢用挤压瓶的原因）。

如何涂抹奶油霜

需要的物品

用简易糖浆浸透的蛋糕层（见第 50 页）

圆转台

橡皮刮刀

奶油霜 1 碗（见第 28 页或 30 页）

大型弯抹刀

1 将第一片蛋糕放在转台上，用橡皮刮刀取一大块奶油霜放在蛋糕层的中央。

如果刮刀的边缘接触到蛋糕，就会粘上蛋糕屑，会把奶油霜弄得一团糟（大家都不喜欢一团糟）。所以尽量不要让这种情况发生。

2 用弯抹刀将奶油霜抹开，注意不要刮到蛋糕表面。慢慢转动转盘，这样会更容易涂抹一些。把奶油霜抹到蛋糕边外，如果一层奶油霜太薄，可再加一小块涂抹。

3 当第一层蛋糕表面均匀地涂抹上一层奶油霜后，盖上第二层蛋糕，用同样的方法抹坯。

4 重复涂抹、堆叠所有的蛋糕片，放上最后一层蛋糕后，不要用奶油霜覆盖。

如何抹面

需要的物品

涂抹奶油霜的蛋糕（见第 52 页）

圆转台

平抹刀、橡皮刮刀、弯抹刀

奶油霜 1 碗（见第 28 页或 30 页）

用来装蛋糕屑的小碗

这一步很有必要！它可以确保当你给蛋糕包面时奶油霜里不会有碎屑。

旋转一下转台——只是为了好玩！

1 把蛋糕放在转台上，会有一点奶油霜从蛋糕层之间露出来。用平抹刀贴紧蛋糕边缘，保持平稳，慢慢转动转台，让奶油霜均匀地抹在蛋糕上。

紧紧握住抹刀，转动转台来配合你的动作．

got cake?

2 用橡皮刮刀取一大块奶油霜放在蛋糕上。用一把直抹刀或弯抹刀把一小部分奶油霜刮到蛋糕的侧面，在蛋糕周围抹上一层薄薄的奶油霜，边抹边把蛋糕屑压进蛋糕里，若有需要，可以从蛋糕上取下多余的奶油霜。

5 你会注意到，蛋糕顶部的边缘还有一些多余的奶油霜，用弯抹刀把奶油霜刮到蛋糕的中心，将抹刀平放在蛋糕的顶部，旋转转台，这样蛋糕的顶部就会覆盖一层薄薄的奶油霜。蛋糕的边缘要尽可能的有棱角。冷藏 20~30 分钟，直到奶油层摸上去很硬。

3 把混有蛋糕屑的奶油霜刮到备用的碗里，不要让任何蛋糕屑弄脏你那碗没碰过的奶油霜。

4 蛋糕被完全覆盖后，将奶油霜刮到蛋糕的顶部，再次用抹刀在蛋糕的两边抹平多余的奶油霜。

CAKÉ

尤氏经验

如何给奶油霜调色

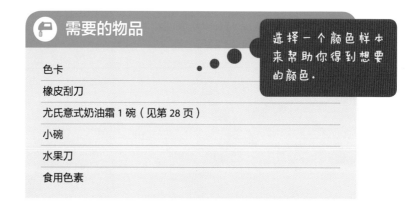

需要的物品

色卡

橡皮刮刀

尤氏意式奶油霜 1 碗（见第 28 页）

小碗

水果刀

食用色素

选择一个颜色样本来帮助你得到想要的颜色。

1 用橡胶刮刀舀出一小碗奶油霜，用水果刀的刀尖或直接从瓶中滴入少许食用色素——记下用量，搅拌至奶油霜颜色均匀，并将奶油霜颜色与色卡进行对比。如果颜色太浅，可再加些食用色素；如果颜色太深，可加入更多的奶油霜来稀释颜色。

这就是为什么需要先在一个小碗里测试！

2 当你对测试部分的颜色满意时，试着用剩下的奶油霜重新调制相同的颜色。每次加一点色素，搅拌直至颜色完全混匀，确保刮干净碗的边缘和底部。

3 比较调好的颜色是否与色卡一致，如有需要，再加一点色素调匀。

先在小碗中调试颜色非常重要，因为可以确认选择的食用色素是否符合要求。这样你才可能换颜色或通过不同色素组合来获得想要的颜色。

翻糖知识

我喜欢制作翻糖。作为装饰蛋糕的物料，没有什么能与之相提并论。它可以塑形、纹理化、抹平等——当然，它也可以食用。我第一次做蛋糕是在我工作的面包店，他们做各种各样的蛋糕，但没有翻糖蛋糕。我尝试了很多不同的蛋糕装饰材料和技法，从裱花到造型巧克力，但我仍觉得很有限。后来有一天，我看到了一张翻糖蛋糕的图片，激起了我想尝试一下这种甜蜜魔法的想法。这让我一见倾心！当开始制作翻糖后，我作为蛋糕艺术家的生活就彻底发生了改变。我的蛋糕可以千变万化。

许多我的"尤粉"告诉我，他们觉得做翻糖很难。但我在这里向你保证。翻糖是你的朋友，没有必要害怕它，你只需要多了解它一点！

翻糖是什么

翻糖是一种由糖和淀粉制成的具有可塑性、可擀压、可食用的糊状物。你可以在许多烘焙用品店或网店买到预制的翻糖，也可以自己做。

找到你的翻糖

选择翻糖品牌或配方时，没有对错之分。试用不同的翻糖，找到最适合你的。

气候变化

翻糖会受环境的影响。温暖潮湿的天气翻糖会结露，寒冷的天气会变干，所以要注意环境对翻糖的影响，并做出相应的调整。如果你的翻糖因为天冷变干，可以揉进一点植物起酥油来软化它。如果翻糖因高温结露，就降低温度——它最终会得到改善的，在这段时间尽量不要多动它。

灵活的状态

翻糖最大的优点是它很灵活，可以通过揉进一些东西来改变它的状态。例如，当翻糖太软时，可以揉入少许 CMC 粉（食品添加剂，可提高翻糖的韧性、有助定形）来让它变硬。

生动的颜色

你可以通过揉进食用色素来改变翻糖的颜色（见第60页），你也可以购买预着色的翻糖。制作彩色翻糖会弄脏你的手和工作台。添加大量的色素也会改变翻糖的稠度，所以你需要一些时间来进行调整。对于需要添加较多色素的色调，可能还需要添加CMC粉以增加翻糖的强度和弹性。最好的办法就是调相对多一些的翻糖出来，这样你就不会因为在做蛋糕的过程中用完而不得不重新调一批。

不浪费

如果保存得当，翻糖的保质期较长，所以没有必要扔掉剩余物。只要把多下来的翻糖揉成一个球，用保鲜膜裹紧，然后存放在密封的容器里，放在凉爽干燥的地方就可以了。

旧的就是新的

如果你的特定颜色的翻糖没有用完（比如感恩节火鸡的棕色），可以试着混合色素来调制新的颜色。譬如在火鸡的棕色中加一些黑色素就会产生黑色的翻糖。

修补工作

当你在球形蛋糕或者底部逐渐变窄的蛋糕上覆盖翻糖时，可能会有很多折痕和褶皱。不用担心——你可以把你的翻糖变成浆糊来填充那些褶皱和折痕，以及任何裂缝。首先，尽你最大的努力去掉多余的翻糖，然后把它和水混合，形成像蛋白糖霜一样黏稠的糊状物，然后填充到折痕上，具体可参见第153页的步骤14。

小心轻放

制作翻糖时一定要轻柔。不要害怕去动它，但是要轻手轻脚，一不小心，手指和长指甲就会碰坏翻糖。就像制作其他蛋糕一样，多练习是关键！

蛋糕的保护

喷洒糖浆，使之和翻糖结合可以保持蛋糕的湿润。用挤压壶在蛋糕表面喷洒糖浆，使其充满水分，而翻糖起到了保护层的作用，使水分保留在蛋糕中。正因为如此，只要不切开翻糖蛋糕，就能保存很久，保持口味新鲜！

风味特点

有些人喜欢翻糖的味道，但有些人会觉得太甜。如果你不是翻糖爱好者，没关系！翻糖可以很容易从蛋糕上剥下来，只留下湿润的蛋糕和美味的奶油。

如何给翻糖调色

需要的物品

色卡

植物起酥油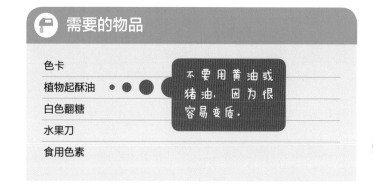

白色翻糖

水果刀

食用色素

不要用黄油或猪油，因为很容易变质。

选择一个颜色样本将帮助你实现完美的色彩。

① 在手上擦少量起酥油，这样可以防止揉捏翻糖的时候粘手。取一小部分翻糖。用一小块翻糖来测试颜色非常重要，以确定是否选择了合适的食用色素。这样做便于更换色素或用组合颜色来获得完美的搭配。

2 反复的折叠和揉捏翻糖，直到颜色混合均匀。

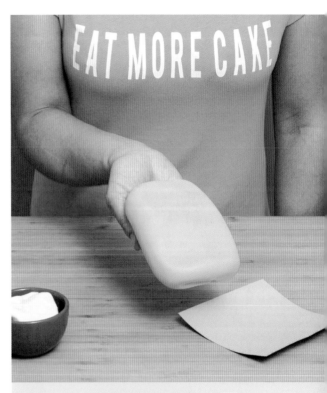

3 当对调试部分的颜色满意时，就可以将剩下的翻糖调成相同的颜色。每次加一点色素，揉搓到颜色完全混匀后，与色卡进行比对。如果颜色太深，可加一些白色翻糖进去；如果颜色太浅，可以加入更多的食用色素。

尤氏经验

如何揉制和擀制翻糖

需要的物品

植物起酥油	木质擀面杖
翻糖	软毛刷
卷尺	塑料刮板
筛子	大头针
糖粉	

1 在手上擦一点起酥油。用手掌揉搓翻糖——这有助于软化翻糖并释放气泡。

2 把翻糖搓成球形，边搓边把接缝塞到下面。球形表面应该是完全光滑的。

3 将翻糖球压成一个圆盘状，这样更容易擀开。

4 在擀开翻糖之前，用卷尺量一下蛋糕的尺寸，以及需要覆盖的区域。

6 在擀的过程中，用卷尺量一下，确保翻糖片足够大。我通常把翻糖擀到约 0.3 厘米厚来包覆蛋糕。如果第一次尝试时擀不了这么薄，也不用担心。不同的装饰需要不同的厚度。勤加练习就可以擀出所需厚度的翻糖片。

5 用筛子在工作台上撒一层糖粉，放上翻糖片。用擀面杖从中间开始，向各个方向擀开——向外、向内、向左、向右、斜着擀。按照蛋糕的形状，把翻糖擀成所需的形状。

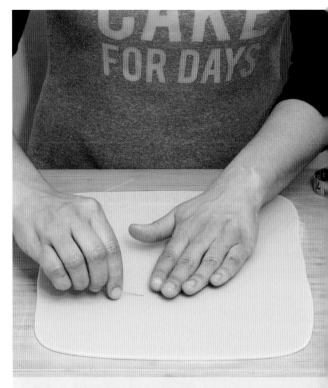

7 在擀的过程中，刷掉落在翻糖表面的糖粉，用刮刀刮去翻糖边缘多余的糖粉（这样翻糖就能更好地粘在奶油上）。随着糖皮变大，继续从糖皮中心向四周擀，确保厚薄均匀，擀至理想的厚度。

8 当看到翻糖里有气泡时，用大头针沿一个角度插入，用手指轻轻地按压使气泡消除。

入门蛋糕

　　我喜欢新的开始，你呢？第一次做蛋糕，和做其他任何新任务一样，会让人感到紧张。当我做新的蛋糕品种时也会有点紧张，这时我会提醒自己，创造需要勇气，如果我把事情分解成小的、简单的步骤，即使是最大的挑战也能完成。

　　这就是循序渐进的学习方法。我把大部分蛋糕的制作步骤分为两天或两个阶段：准备阶段和装饰阶段。在准备阶段准备好各种配料，把蛋糕烤好，这样在装饰时就只管装饰蛋糕了！

　　对于任何技能水平的人来说，这些都是很好的受欢迎的入门蛋糕。其中一些是我在 YouTube 上最受欢迎的蛋糕的简单衍生品，其他原创蛋糕的灵感则来自我的预定者。

　　为了增加乐趣，可以试着和家人或朋友一起做蛋糕，作为周末活动，这是一个很好的练习技能的方法。做一个超乎想象的蛋糕，创造一些甜蜜的回忆，这难道不是做蛋糕的最大乐趣吗？和心爱的人一起庆祝和共度时光，是人生的一大享受。所以邀请你的闺蜜或家人，开始一个史诗级的蛋糕冒险吧。就由此页开始你的蛋糕之旅吧。

炸鸡和华夫饼

这款甜点可以作为独特的周六早点或下午茶点心和家人、朋友一起分享。当你同时吃炸鸡和华夫饼时，会感受到它们口感和味道的完美结合。你能感受到吃真炸鸡的美味、松脆，还有华夫饼的柔软和温热，简直美味极了！更重要的是，奶油霜很像黄油是不是？是的，很像！

这是一个捉弄朋友的完美方案，并且没有人会真正生气。想象一下，当他们吃着炸鸡和华夫饼，发现竟然是蛋糕，一定会很惊讶吧！

更关键的是，这可能是有史以来最简单的新奇蛋糕食谱之一，甚至不用开烤箱。只要加热华夫炉，倒入蛋糕糊，你的华夫饼就完成一大半了！

2~4 份

大约两份华夫饼和
两个炸鸡

1

入门蛋糕

炸鸡和华夫饼

工具

耐热搅拌碗

华夫炉

耐热硅胶糕点刷

迷你冰激凌勺或挖球器

小汤锅

 ## 材料

奶油霜配方

1/4 杯	尤氏意式奶油霜（见第 28 页）
	凝胶食用色素：柠檬黄、金黄色

鸡块配方

3 杯	脆米（米花）
2 汤匙	无盐黄油
230 克	迷你棉花糖
1/2 茶匙	纯香草香精
1/2 茶匙	植物起酥油
2~4 根	粗脆饼棒，切成 2 英寸长
2 杯	玉米片
2 汤匙	蜂蜜
2 汤匙	葡萄糖

华夫饼配方

1/2 份	尤氏香草蛋糕糊（见第 22 页）
1/2 杯	全脂牛奶（室温）
2 汤匙	植物油
2 汤匙	纯枫糖浆

1 制作奶油霜：根据配方准备意式奶油霜，用牙签每次轻轻蘸一点黄色食用色素加到奶油霜里，调成奶黄色，慢慢调整，直至类似黄油淡淡的黄色。可准备一块真黄油在旁边作参考。将调好的奶油霜装在碗里，盖上保鲜膜并冷藏保存。

2 制作鸡块：将脆米放入一个耐热的碗里。将黄油放入汤锅中中火熔化，加入棉花糖，用木勺搅拌使棉花糖慢慢熔化。待棉花糖快要熔化，只剩下几小块时，关火，迅速加入香草香精。

3 将热的棉花糖混合物倒入脆米中搅拌至完全混合。

如果你找不到做鸡腿的原料，那就用炸鸡腿来代替吧！

4 双手抹起酥油，以防粘手。抓出一把脆米混合物，捏成鸡腿的形状，在鸡腿的顶部插入一根脆饼棒，然后用脆米混合物包住它。若做鸡翅，只需用一小把脆米混合物塑成你喜欢的形状就可以了。把做好的半成品放在一张铺了烘焙纸的烤盘上，室温放置，直至变硬，大约需要 1 小时。

5 把玉米片放入碗中，掰成粗粒。

6 将蜂蜜和葡萄糖混匀后，刷满鸡块表面。如果蜂蜜糖浆太稠，可以放入微波炉中加热几秒钟，直到它变稀。晾 10 分钟至表面变干。

⑦ 将鸡块放入装有玉米片的碗中，轻轻地将玉米片压在鸡肉表面至完全包裹即可。

⑧ **制作华夫饼：** 在香草蛋糕糊中加入牛奶，搅拌均匀。

⑨ 预热华夫炉。在铁板上刷油，加入面糊。烤到华夫饼的顶部和底部都变成金黄色时，倒在餐盘上。剩下的面糊重复此操作。

⑩ 将鸡块放在华夫饼上，用迷你冰激凌勺或挖球器舀上冷冻的奶油霜。每次放一两个球，再淋上枫糖浆，让它在华夫饼的方格里和鸡块周围凝固。

墨西哥玉米饼

1
入门蛋糕

好，让我们花点时间来谈谈墨西哥玉米饼蛋糕。多年来，我的粉丝一直让我做墨西哥玉米饼，但我还是把它留到了这本书里。这款简单的蛋糕很适合孩子们周末烘焙。当然，还是需要家长给一点指导的。孩子们一定会喜欢这款看起来像真的墨西哥玉米饼一样的蛋糕的。

这款食谱最惊喜之处是我在饼皮中加入了正宗的塔里克软玉米和甜肉桂粉。我想过用翻糖来制作饼皮，但用玉米饼不仅简化了制作过程，而且对于那些不喜欢翻糖的人来说也是一个不错的选择。

4~8 人份

这款蛋糕最大的优点是什么？可以定制你最喜欢的馅料！我推荐巧克力奶酪或牛油果酱奶油霜，你也可以自己独创一个配方。这款蛋糕会给你的节日或一年中的任何一天带来欢乐！

1

入门蛋糕

墨西哥玉米饼

 材 料

1/2 份	尤氏巧克力蛋糕（见第 20 页）
1/4 份	尤氏黑巧克力甘那许（见第 34 页）
1/2 份	尤氏简易糖浆（见第 32 页）
1/4 份	尤氏塑形巧克力（见第 38 页）
	凝胶食用色素：金黄色、橙色、黄色、绿色
1/4 杯	无盐黄油
1/2 杯	细砂糖
1/2 茶匙	肉桂粉
1/4 茶匙	甜胡椒粉
1/4 茶匙	肉豆蔻粉
1 包（8 英寸）	圆玉米饼
1 杯	干椰子片
1/2 杯	红色甘草糖条
1/2 杯	植物油
115 克	轻可可复合巧克力
115 克	黑可可复合巧克力
1/2 杯	黑色或棕色糖豆（小粒）
1 杯	可可米花
3 块	青柠糖
牛油果酱和酸奶油（可选）	
1¹/₂ 杯	尤氏意式奶油霜（见第 28 页）
	凝胶食用色素：牛油果和叶绿色

工 具

2 个 6 英寸圆形蛋糕模（7.5 厘米深）
挤压瓶（见第 50 页）
锯齿刀
直尺
4 个 10 英寸的圆形蛋糕盘
小抹刀
软毛刷
烤盘
筛子
水果刀
奶酪刨丝器

第一天：准备

1 烤箱预热到 180℃，在两个 6 英寸圆形蛋糕模底部铺上烘焙纸（参见第 43 页）。

2 根据配方准备巧克力蛋糕糊，将面糊倒入准备好的模具中，烤 50 分钟，烤到用牙签插入蛋糕中心拔出后没有面糊。拿出烤盘，放在冷却架上彻底冷却后，包保鲜膜冷藏一夜。

3 根据配方准备巧克力甘那许，在室温下完全冷却，盖上盖子放置一夜。

4 根据配方准备简易糖浆，冷却至室温，倒入挤压瓶里冷藏。

5 根据配方制作塑形巧克力，使用金黄色和橙色色素上色，使它看起来像切达干酪。也可以把调好温的巧克力倒入类似小吐司模具的长方形硅胶模具中，直至冷却凝固成奶酪块。这一步是可以省略的，但可以让作品看起来更真实。

6 如果你需要做牛油果酱或酸奶油，可以按照食谱准备好，用保鲜膜将碗盖紧后冷藏即可。

第二天：制作蛋糕

1 如果你做了牛油果酱和酸奶油，将它们静置至室温，需要几小时时间。

2 蛋糕脱模，撕去烘焙纸，用锯齿刀和直尺把蛋糕修平（见第46页），用刀把每个蛋糕从中间切开成4个半圆。

3 把蛋糕放在一个干净的工作台上，淋上简易糖浆，等糖浆完全浸透再继续。

4 把蛋糕放在 4 个 10 英寸的圆形蛋糕盘中，用小抹刀在每个半圆形蛋糕的边缘和顶部抹上甘那许。放入冰箱冷藏 20~30 分钟，直到甘那许变硬。

5 把蛋糕翻过来，涂抹另一面，再放冰箱冷藏 20~30 分钟直到甘那许摸起来很硬，确保所有面都覆盖住并冷却到位。

6 **制作甜玉米饼皮：**预热烤箱至 177℃，熔化黄油，加 1/4 茶匙的黄色素搅拌调色。在另一个小碗中把细砂糖、肉桂粉、甜胡椒粉和肉豆蔻粉混合均匀。

7 取两个玉米饼皮，两面刷上黄油混合物，其中一面撒上香料混合物，直至覆盖整个玉米饼的表面。在烤盘中铺上不粘烤垫或烘焙纸，烤 3~5 分钟，直至金黄色。

8 取出玉米饼，放在烤盘上冷却 1~2 分钟，此时应该是温的、柔软的，但不能太热，否则会使蛋糕上的巧克力熔化。将玉米饼撒香料的一面朝下放在工作台上，靠其中一面圆边放上一片蛋糕，用玉米饼的另一边盖在蛋糕上。如果包蛋糕时玉米饼裂了，或者蛋糕涂层脱落了，则需要重新抹酱、冷却蛋糕，或烤一个新的玉米饼，然后再试一次。

9 做完剩下的玉米饼和蛋糕即可。

在刀刃上抹一点植物油，这样在切东西的时候就不会粘刀了。

10 从冰箱取出塑形巧克力脱模，放入盘子，再放回冰箱冷藏约 30 分钟让它变得更硬一点。

11 制作生菜：取一个碗，用半杯水稀释一点绿色食用色素，加入椰子片搅拌均匀后倒入筛子沥干，然后将椰子片摊在纸巾上晾干。

12 制作碎西红柿：把甘草条切成小块，让它看起来像切碎的西红柿。如果你做了牛油果酱，留一些西红柿碎。

14 取一个做好的玉米饼，用勺子在外部接缝处塞入混合物。在混合物凝固之前，撒上一些切碎的"西红柿"、糖豆，再撒上一些"生菜"。最后，用奶酪刨丝器刨上一些巧克力做的"奶酪"。完成剩下的玉米饼，如果你要做牛油果酱玉米饼的话，留一些"西红柿碎"。

15 **制作牛油果酱：** 用牛油果和叶绿色食用色素给一杯奶油霜上色。可以加入预留的"西红柿碎"，以得到理想的质地和颜色。剩下的半杯奶油霜不要上色，用来做酸奶油。

16 将墨西哥玉米饼蛋糕、牛油果酱、酸奶油和青柠糖一起上桌。

13 **馅料：** 将不锈钢盆放在装有温水的汤锅上，倒入两种巧克力，搅拌熔化至顺滑。如果混合物太稠，可以加1茶匙植物油来稀释。加可可米花、糖豆（预留一把糖豆）拌匀。在混合物凝固之前，马上开始做玉米饼。

如果想把这款蛋糕做得更生动形象，也可以在YouTube频道找到我做的玉米片蛋糕。

彩虹烤奶酪

我喜欢在蛋糕上使用彩虹色，无论迷你彩虹蛋糕还是感恩节独角兽，都让我很开心，这款彩虹烤奶酪蛋糕堪称完美。

这款易于制作的、用重奶油磅蛋糕夹上彩虹巧克力起司制作的经典烤奶酪蛋糕三明治片不仅仅具有展示效果，还可以像真的烤奶酪三明治一样煎烤！因此对于各个年龄段的烘焙新手来说，这款蛋糕都是非常棒的选择。它很有趣，并且做法简单，是一款可以和家人、朋友将阴雨天变明亮的甜蜜方式。

关于这个蛋糕唯一棘手的是应该用什么来搭配它。当我在 YouTube 频道上用覆盆子库利酱与其搭配时，引起了一场激烈的争论。粉丝们一方支持蘸番茄酱吃，另一方则支持搭配番茄汤吃。就我个人而言，我喜欢搭配一杯凉凉的、粉红色的柠檬水。

4~8 人份

4 个三明治

彩虹烤奶酪

入门蛋糕

工 具

23 厘米 ×13 厘米 ×9 厘米的吐司模具

7 个小碗

不粘垫或板

不粘擀面杖（小号）

尺或卷尺

软毛刷

锯齿刀

煎锅

锅铲

材 料

磅蛋糕材料

$2\frac{1}{3}$ 杯	中筋面粉
3/4 茶匙	食盐
1 杯（两块）	无盐黄油（室温）
170 克	奶油奶酪（室温）
2 杯	细砂糖
3/4 茶匙	纯香草香精
4 个	鸡蛋（大号，置于室温）

彩虹奶酪材料

1½ 份	尤氏塑形巧克力（见第 38 页）
	凝胶食用色素：红色、橙色、黄色、绿色、蓝色、紫色和粉色（或自行选择）

组装

1/2 份	尤氏简易糖浆（见第 32 页）
	无盐黄油，室温软化

第一天：准备

1 **制作磅蛋糕：**预热烤箱至 180℃，在吐司模具底部和侧面铺上烘焙纸（参见第42页）。

2 中筋面粉和食盐过筛备用。

3 在搅拌机里装上拍形搅拌桨，加入黄油、奶油奶酪、糖、香草香精低速拌匀后改中速打发至轻盈松软。

4 把搅拌机调至低速，继续加入鸡蛋搅拌，一次加两个，混匀后再加下一批。最后加入过筛的面粉搅拌至完全混合。

我在蛋糕里加了奶油奶酪，因为我喜欢奶酪香味！

5 将面糊刮入吐司模具中，抹平。烤约 2 小时，或烤至金黄色，用牙签插入中间拔出来无面糊粘附即可。将模具取出放在冷却架上，待完全冷却后，用保鲜膜包严实，冷藏一夜。

6 **制作彩虹奶酪：**根据配方制作塑形巧克力，在冷却凝固前，把熔化的巧克力混合物均匀地分装在 7 个小碗中。每个碗里调成不同的彩虹颜色——红色、橙色、黄色、绿色、蓝色、紫色和粉色（或者任何你喜欢的颜色）。待巧克力冷却到室温，密封放置一夜。

第二天：制作蛋糕

1 从碗中取出各种颜色的塑形巧克力，像做翻糖一样轻轻地揉一揉，然后用手指压平。在一个不粘的垫子或木板上，用小擀面杖将每块巧克力擀成 0.3 厘米厚、10 厘米见方的正方形，再按彩虹的颜色顺序叠在一起。冷藏约 30 分钟，直至粘接牢固。

2 把堆叠好的巧克力切成薄片。如果切的过程中变软，把它再放回冰箱直到它变硬，然后继续切片。取两片切好的彩色薄片放在烘焙纸上，切面朝上，并排摆放。在上面再铺一张烘焙纸，把它们擀成略大于 10 厘米见方的薄片。剩下的巧克力片重复上述步骤，然后再次将切片冷冻至凝固。

❹ 从模具中取出磅蛋糕，表层刷上简易糖浆，这样切片时就不会裂开（这仍然是蛋糕，尽管它看起来像面包）。用锯齿刀把蛋糕的两端切掉，然后切下 8 片 1.2 厘米厚的蛋糕片。

你可以把剩余的巧克力卷起来做成大理石奶酪片.

❸ 将彩虹奶酪切成 10 厘米见方，摆放在小方块的烘焙纸上，这样看起来就像准备好的奶酪。

5 在每片蛋糕的一面涂上厚厚的黄油。将涂有黄油面的蛋糕朝下，上面铺上两片彩虹奶酪，然后再铺上另一片蛋糕（涂有黄油的一面朝上）。

6 准备一个平底锅，用中火加热，将蛋糕三明治煎至两面金黄。

7 将每个三明治切成两半，看着彩虹奶酪渗出来，现在你可以说你把彩虹烤焦了！

比 萨

1

入门蛋糕

啊，比萨！有谁不喜欢呢？它是能带给我们快乐的食物。比萨从来不会让人失望——我的比萨蛋糕也不例外！我的丈夫是意大利人，我想通过在蛋糕中加入这种简单创意来表达我对他和他的文化的敬意。

做这个蛋糕可以帮助你掌握比较简单的切割、雕刻和翻糖技法，所以非常适合初学者或小朋友。这款蛋糕的乐趣在于用火枪将蛋糕皮烤成棕色，让它看起来更像真的比萨。每次做的时候可以使用不同的馅料。不管你喜欢的是用蜜饯菠萝和"培根"软糖做的夏威夷风味的比萨，还是经典的玛格丽特配上巧克力"奶酪"和翻糖"罗勒"块，你都可以随时保持比萨蛋糕的新鲜感。

2~4 人份

两大片

比 萨

1

入门蛋糕

 工 具

23 厘米 ×33 厘米的蛋糕模

锯齿刀（大号、小号）

直尺

不粘垫

不粘擀面杖（小号）

打蛋器

橡皮刮刀

火枪

小抹刀

2 个 12 英寸蛋糕底托

12 号圆裱花嘴

奶酪刨丝器

 材 料

奶酪材料

1/2 份	尤氏塑形巧克力（见第 38 页）

比萨酱材料

1/4 杯	尤氏意式奶油霜（见第 28 页）
	凝胶食用色素：无味红色和深红色
2 汤匙	无籽树莓酱

饼皮

1 份	尤氏香草蛋糕糊（见第 22 页）
340 克	白色翻糖
	凝胶食用色素：象牙白

夏威夷比萨配料

	植物油
	菠萝干
	草莓软糖（火腿）
	草莓芒果水果扭糖（培根）
	黑色甘草条（橄榄）
1 块（30 克）	白巧克力（奶酪）
	蔓越莓干和黄色糖果片（辣椒碎）

第一天：准备

① **制作奶酪：**根据配方准备塑形巧克力。

② **比萨酱：**根据配方调制意式奶油霜，用保鲜膜盖紧，冷藏过夜。

③ **制作面团：**烤箱预热至 180℃。在蛋糕模具底部铺上烘焙纸（见第 43 页）。

④ 根据配方准备香草蛋糕糊。把面糊刮进准备好的模具中，表面抹平，烤 35 分钟直到用牙签插入中间拿出来不粘面糊，取出放冷却架上完全冷却。用保鲜膜裹紧冷藏一夜。

⑤ 白翻糖加象牙白色食用色素揉至表面光滑（见 60 页），当颜色充分混合后搓成球形，包上保鲜膜，放在阴凉干燥处备用。

第二天：制作蛋糕

① 从冰箱里取出意式奶油霜让它回温至室温，可能需要几个小时。

② 蛋糕脱模，揭掉底部烘焙纸。把蛋糕摆正，侧面朝上，用直尺量出 2.5 厘米厚度，再用锯齿刀切下蛋糕片（见 46 页）。保留底部焦化的部分，这样看起来更像是比萨饼的底部。

③ **从蛋糕片上切出两个等边三角形：**把蛋糕片的长边靠近自己，切三刀，切出两个大三角形。每端多出来的小三角形，可以当零食吃。

④ 用小锯齿刀修去最短的一边（烤焦的一边），使之像比萨边缘一样弯曲。

5 在不粘垫或板上，用擀面杖把翻糖擀成两个长条，长度足够做比萨饼的外边：每片 0.6 厘米厚，大约 6.5 厘米宽，宽度足够包住蛋糕的边缘。把翻糖片包在弯曲的蛋糕片外壳边缘，然后切掉两端多余的部分。用手指捏出纹路，做出很逼真的面团状边缘。放进冰箱冷藏。

6 在蛋糕冷却时，制作比萨酱：用橡胶刮刀将红色和深红色的食用色素搅拌到意式奶油霜中，再加无籽树莓酱，得到鲜红色的"番茄酱"。如果调色满意了，看看它的质地。如果酱汁看起来有点稠，放微波炉里加热 5~10 秒钟，搅拌均匀就可以了。

7 现在可以开始烤比萨皮了。把蛋糕从冰箱里拿出来，用干净的蛋糕盘盖住没包翻糖的部分，防止这部分蛋糕受热。用火枪喷烤翻糖外皮，不要离蛋糕太近，要前后移动。取下蛋糕盘，用小水果刀切掉意外烧焦的蛋糕。

8 把蛋糕放在不粘板上，用小抹刀把"番茄酱"抹在蛋糕片上，小心不要沾到焦糖外壳上。

9 将塑形巧克力揉成一个球，放在冰箱里冷藏 30 分钟，在磨碎前让它变硬一些。

切软糖时，在刀上抹一点植物油或起酥油，防止粘刀。

10 准备夏威夷比萨的配料（或者参考第 98 页的配料表）：将菠萝干切成小块，草莓软糖切成小块，水果扭糖横着切开，黑色甘草条切成圆片，然后用裱花嘴在每个圆上切出一个内圈。

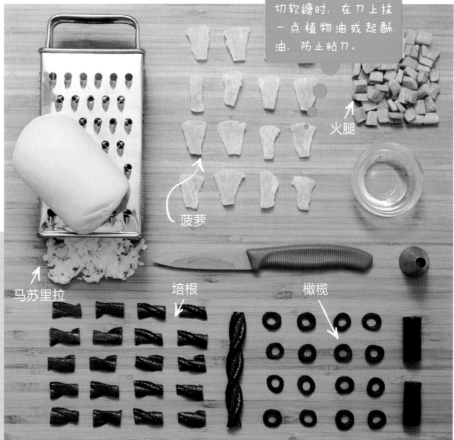

火腿

菠萝

马苏里拉

培根

橄榄

形似且美味！

11 用奶酪刨丝器在"番茄酱"上刨上塑形巧克力，使其看起来很像奶酪。如果巧克力太软，不容易磨碎，可以把它放回冰箱冷藏一段时间后再继续刨。

12 在比萨蛋糕上撒上菠萝片、软糖片、水果扭糖片和甘草圈，然后再撒上一些巧克力奶酪。用火枪小心地把部分巧克力奶酪烤化——直到它看起来就像比萨上的奶酪。

13 最后，撒上磨碎的白巧克力，用小碗装上切碎的蔓越莓干和黄色糖果片作为辣椒碎。趁热将比萨蛋糕端上来——就像真的一样！

配料栏

做你最喜欢的比萨

可以用任何能激发创造力和味蕾的食材来搭配这个食谱

- **切达干酪**：塑形巧克力加橙色、金黄色食用色素调匀，以达到奶酪的颜色，冷藏一夜。

- **绿橄榄**：将绿色甘草切成圆片，然后用裱花嘴从每个小圆上切出一个内圈。

- **青椒**：青软糖切成薄片。

- **碎牛肉**：将两汤匙切碎的黑巧克力和两汤匙切碎的牛奶巧克力熔化在一起，加入半杯可可米泡芙麦片。

- **意大利辣香肠**：用直径为 3.8 厘米的圆形切割器切割红色水果皮即成。

派对帽

4~6 人份

　　无论你是六岁还是六十岁，没有什么比在生日那天戴一顶有趣的派对帽更有趣了。这款派对帽蛋糕是适合任何人、任何年龄段的最佳生日蛋糕。

　　这款蛋糕的特点在于装饰方法多种多样，其乐趣就在于创造出自己独特的设计和图案。试着换个颜色，或用条纹代替星星，或在整个蛋糕撒上装饰。切蛋糕的时候，五彩缤纷的装饰就是蛋糕自己的派对！

　　这是一款很适合翻糖初学者的蛋糕，你可以学到如何用翻糖覆盖整个蛋糕。如果你正在举办一个聚会或招待一大群人，你也可以把这款蛋糕作为装饰——把它放在从商店买的或简单的圆形蛋糕上就可以了。快来看看这款蛋糕怎么做吧！

派对帽

入门蛋糕

 工 具

25 厘米见方的方形蛋糕模具（7.5 厘米深）

挤压瓶（见第 50 页）

锯齿刀

直尺

10 英寸圆蛋糕托

抹刀：小号，直抹刀、弯抹刀

裱花袋

806 号圆形裱花嘴

擀面杖：木制、法式和小型不粘

水果刀

不粘垫或木板

星形切割器或其他形状（各种尺寸）

香草剪刀（或普通剪刀）

旋转式翻糖挤泥器（附最小号圆形枪头）

材 料

1 份	尤氏香草蛋糕糊（见第 22 页）
1/2 杯	彩色糖针
1/2 份	尤氏瑞士巧克力奶油霜（见第 30 页）
1/2 份	尤氏意式奶油霜（见第 28 页）
1/2 份	尤氏简易糖浆（见第 32 页）
800 克	白色翻糖
	凝胶食用色素：黄色、红色、橙色、紫色、蓝色和绿色
	糖粉，擀翻糖用
	尤氏蛋白糖霜（见第 36 页）
	植物起酥油
	透明管状凝胶
	银色亮粉
	生意大利面或细面条

第一天：准备

1 预热烤箱至 180℃。在方形蛋糕模具底部铺上烘焙纸（见第 43 页）。

2 根据配方准备香草蛋糕糊（在烘烤前再撒入彩色糖针，以防颜色渗出，将蛋糕染色）。将面糊装入模具中，抹平。烤一个小时，或者烤到用牙签插入中间拿出来不粘面糊。取出模具，放在冷却架上完全冷却。用保鲜膜裹紧，冷藏一夜。

3 根据配方准备两种奶油霜，用保鲜膜盖紧并冷藏。

4 根据配方准备简易糖浆。冷却至室温后，倒入挤压瓶中冷藏。

5 **翻糖调色：**取 340 克翻糖分成 6 份，调不同的颜色（见第 60 页）：黄色、红色、橙色、紫色、蓝色和绿色（或者用任何你喜欢的颜色）。用保鲜膜单独包紧，放在阴凉干燥的地方。

第二天：制作蛋糕

1 从冰箱里取出两种奶油霜，放在室内回温，需要几个小时。

2 蛋糕脱模，撕掉烘焙纸。把蛋糕平放在工作台上，用锯齿刀和直尺修平（见第 46 页）。把蛋糕翻过来，用同样的方法去掉蛋糕底部的焦化部分。

3 用 6 个不同大小的圆形切割器（最大的直径为 11.5 厘米，然后直径依次递减 1.5 厘米），把蛋糕切成 6 个圆形坯子。

4 将所有的蛋糕片摆放在干净的台面上，淋上简易糖浆，最小的那个不要淋太多。待糖浆被蛋糕充分吸收后再继续操作。

5 将最大的圆蛋糕片放在 10 英寸的圆蛋糕托上。将剩下的 5 个圆蛋糕片翻面，让淋糖浆的一面朝下，用小抹刀分别涂上一层巧克力奶油霜，不要让多余的奶油霜溢出，保持边缘整齐，抹奶油霜的那面朝下，由大到小依次叠放在最大的圆蛋糕片上，形成圆锥形。放到冰箱冷藏 20~30 分钟，直到奶油霜变硬。

7 用弯抹刀沿着圆锥形的坡度将意式奶油霜涂抹开，直至蛋糕的整个表面涂满。在蛋糕的顶点挤一团意式奶油霜。如果这一点现在还不完美，不要担心，你可以在给蛋糕冷却的时候再完善它。将蛋糕放入冰箱冷藏 20~30 分钟，直到抹面奶油霜摸上去变硬为止。

6 **填满圆锥形：** 将 806 号圆形裱花嘴装入裱花袋中，装入意式奶油霜，依次从底部到顶部，在每一层蛋糕的连接处挤一圈奶油霜，完全盖住巧克力奶油霜。

8 在蛋糕的抹面上再抹一层意式奶油霜，呈锥形。特别注意蛋糕的顶部，抹成漂亮的形状。放回冰箱冷藏 20~30 分钟，直到奶油霜摸上去很硬。如果需要的话，在奶油霜上抹一点奶油使其光滑，然后再次冷却。

9 测量蛋糕的高度及其底部的周长。在工作台上撒上糖粉，用木制擀面杖擀一个 0.3 厘米厚、略大于蛋糕实际尺寸的翻糖片（见第 62 页）。

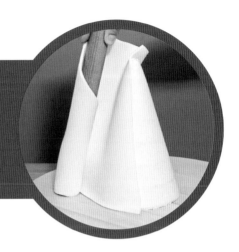

⑩ 尽量不要用手来移动翻糖片，用擀面杖来移动它。用擀面杖卷起翻糖片，然后快速小心地把它卷在蛋糕的周围，抹平翻糖片。

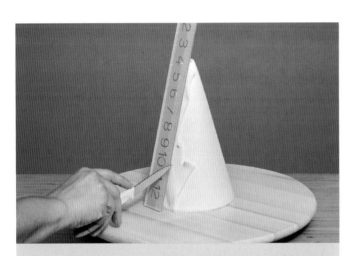

⑪ 用水果刀修掉多余的翻糖，先修剪顶部，再修剪底部。在重叠的接缝处放一把直尺，用水果刀从顶部向底部去除多余的部分，尽量使接缝整齐。试着把圆锥的顶端修整齐，但也不要太担心——圆锥的部分会被花球遮住。把翻糖碎片揉在一起，用保鲜膜包严实，放置一边。把蛋糕放到冰箱里。

⑫ **制作星星装饰：** 在不粘垫上，用不粘擀面杖，把每一种颜色的翻糖尽可能地擀薄。用星形切割器切出不同颜色和大小的星星。我一般把同种颜色的星星切成同样大小（派对帽搭配圆点花纹或其他形状也很好看，可以选择任何你喜欢的造型）。将每种颜色的碎片分别揉成圆球，用保鲜膜包紧，备用。

13 轻轻地在星星背面刷上水，把星星粘在蛋糕上，贴得随意些。

14 花球的制作：将彩色翻糖分别擀薄，切成 3 厘米宽，15 厘米长的条状。用香草剪刀沿长边竖着剪出须状，深度为宽度的一半。也可以用普通的剪刀，需要耐心。

15 在没剪的一面刷上水，然后把它们叠在一起后卷起来，把没剪的那段捏在一起，拨开剪好的部分。掐掉多余的翻糖，做成一个圆鼓鼓的花球。

16 小心地用蛋白糖霜把花球粘在蛋糕顶部。为了固定得结实一点，可以用一根意大利面把花球穿起来，然后把它固定在蛋糕上。

17 制作细绳：将少许植物起酥油揉进剩余的一小块白色翻糖里，使其变软，然后将翻糖搓成长条。用翻糖挤泥器挤压成一根长绳子，用管状凝胶将绳子的两端固定在帽子底部的两侧，距离帽子底部约 1.2 厘米处。让剩下的绳子悬垂在蛋糕托上。

18 制作订书钉：取两截约 1.2 厘米长的意大利面，刷上银色亮粉（如果粘得不太牢，可以在意大利面上涂上植物起酥油，再刷亮粉）。用管状凝胶将银色面条粘在蛋糕的两条绳子的末端下面，现在就可以开始你的派对了！

巨型蛋糕切片

1

入门蛋糕

蛋糕片有种只要尝一口，"这就是我要的生日蛋糕"，这就是"动人心扉的我想要的蛋糕片"的魔力，给它起个短一点的名字吧！嗯，我想把这款蛋糕叫作巨型蛋糕切片。我敢保证，如果有人带着这个去参加聚会，你一定会吃上一口。

这款蛋糕适合任何场合，它为我的 YouTube 频道"蛋糕中的蛋糕"添加了甜蜜的元素。我在视频中做了一个高耸的分层蛋糕，它就是其中一部分。这款蛋糕切片，非常适合那些想要提高翻糖装饰技能的人。学了这个蛋糕，你可以在蛋糕测量方面有突飞猛进的进步，这对于学习下一个级别的蛋糕来说非常有帮助。

做这款蛋糕的乐趣主要在于它的超大尺寸和明亮的色彩，并且可以挑战大号樱桃的做法。

10~12 人份

巨型蛋糕切片

入门蛋糕

 材 料

1¹/₂ 份	尤氏巧克力蛋糕糊（见第 20 页）
1 份	尤氏意式奶油霜（见第 28 页）
1 份	尤氏简易糖浆（见第 32 页）
340 克	黄色翻糖
227 克	粉色翻糖
114 克	紫色翻糖
1360 克	白翻糖
	凝胶食用色素：蓝绿色、红色和叶绿色
57 克	干佩斯
	糖粉
	透明管状凝胶
	植物起酥油

 工 具

28 厘米 ×38 厘米蛋糕模具

挤压瓶

塑形工具

棒棒糖棒

18 号铁丝花杆（用于樱桃茎）

不粘垫或不粘板

不粘擀面杖（小号）

笔刷

锯齿刀

直尺

40.5 厘米见方的方形蛋糕托

抹刀：小号弯抹刀和中号直抹刀

水果刀

翻糖抹平器

旋转式翻糖挤泥器（附半月形枪头）

第一天：准备

❶ 预热烤箱到 180℃。在蛋糕模具底部铺上烘焙纸（参见第 43 页）。

❷ 根据配方准备巧克力蛋糕糊。把面糊倒入准备好的烤盘中，烤 1 个小时，或者烤到用牙签插入中间拿出来不粘面糊。取出模具，放在冷却架上完全冷却。用保鲜膜裹紧，冷藏一夜。

❸ 根据配方准备意式奶油霜，用保鲜膜盖紧，冷藏一夜。

❹ 根据配方准备简易糖浆。冷却至室温，倒入挤压瓶冷藏。

❺ 现在开始对翻糖进行上色，黄色和粉色的翻糖是预先上色的，所以不需要提前准备。

为了使紫色的翻糖变亮，将紫色的翻糖加 114 克白色翻糖混合，揉匀。

将 230 克的白色翻糖和蓝绿色的食用色素混合，揉成均匀的颜色。

将每块翻糖分别用保鲜膜包起来，放在阴凉干燥的地方。

❻ **制作樱桃：** 取 43 克干佩斯加红色食用色素，调成樱桃的红色。将剩余的干佩斯用叶绿色食用色素上色，放在一边备用。

❼ 将红色的干佩斯搓成一个圆球（就像一个超大的樱桃），用刀背从顶部中心位置向上压出一条线，然后用塑形工具压出一个凹痕，用棒棒糖棒在樱桃底部戳一个洞。放置一夜晾干。

❽ **制作樱桃茎：** 剪一段 7.5 厘米长的铁丝，与樱桃的大小要匹配。在不粘垫或不粘板上，用擀面杖把一小块绿色干佩斯擀成比铁丝花杆长 2.5 厘米、厚约 2.5 厘米的长条。在铁丝上刷一点管状凝胶，然后把铁丝穿进绿色的干佩斯条里。穿好铁丝后，扭动它，搓一搓，让它就像一个樱桃杆。修剪底部 1.2 厘米长度左右的干佩斯，使一些铁丝暴露在外，以便于后面插入樱桃中。放置一夜晾干。

9 **制作糖针：** 每种颜色的翻糖取 15 克分别搓成细条，用水果刀切成均匀的长度，然后用食指搓细。让它们稍微弯曲，这样看起来更真实。放置一夜晾干。

第二天：制作蛋糕

1 从冰箱里取出意式奶油霜，让它恢复到室温，需要几个小时。

2 蛋糕脱模，撕掉烘焙纸。把蛋糕平放在工作台上，用锯齿刀和直尺修平（参见第 46 页）。

4 将 4 块蛋糕片放在干净的台面上，淋上简易糖浆。待糖浆充分吸收后再进行下一步。

3 在蛋糕上切一个 M 形（如图），切成 3 个大三角形和 2 个小三角形。把 2 个小三角形拼在一起，形成第 4 个三角形。把每个三角形的最短边切成圆形，使其看起来就像从圆蛋糕上切下来的一样。做一个简单的纸板来确保切割出的所有块都是相同的形状。

5 在 3 块三角形蛋糕片上抹上意式奶油霜，竖着排在 40.5 厘米见方的方形蛋糕托上，确保它们对齐，如果两端不平整，用锯齿刀修平整。

6 用弯抹刀在蛋糕上涂上意式奶油霜（参见第 54 页）。放入冰箱冷藏 20~30 分钟，直到抹面表面摸上去变硬。

7 用直抹刀在蛋糕抹面上再涂一层意式奶油霜，尽量抹光滑。再放入冰箱冷藏 20~30 分钟，直到奶油霜摸上去很硬。

8 取一块你想要的翻糖，在不粘垫上擀成足够包住底部的大小（我用的是黄色），把翻糖的一边切整齐，然后把它包在蛋糕上，平放在蛋糕托上。用水果刀切掉多余的部分。

9 **制作翻糖蛋糕层：** 测量蛋糕顶部的长度和宽度（这部分看起来像蛋糕片的侧面）。每一块翻糖片都应该比蛋糕顶部的翻糖长一点；用蛋糕顶部的宽度除以 4 来决定每条长度的宽度。擀开四种颜色的翻糖，并将它们修剪到确定的宽度。

10 把翻糖条放在蛋糕表面，用翻糖抹平器抹平整。用水果刀修去多余的部分。

在把翻糖条放到蛋糕上之前应仔细测量它们的尺寸，因为把它们从蛋糕上剥下来调整大小可能会弄得一团糟。

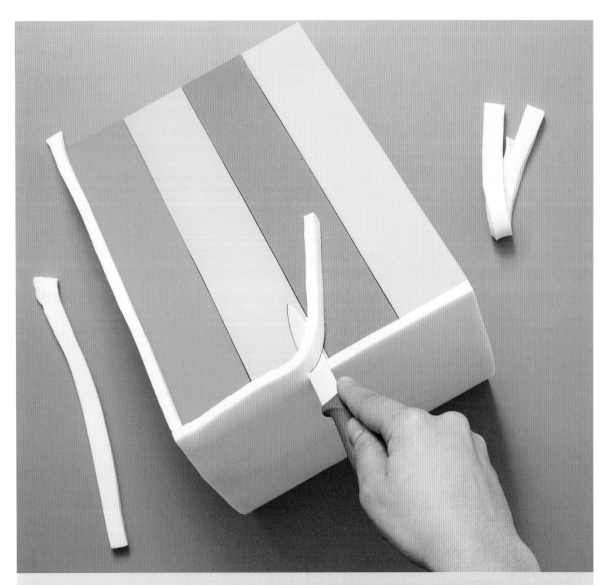

11 **将蛋糕的其余部分包上翻糖：**将白色翻糖擀成 0.6 厘米厚的薄片，切成比实际需要稍微大一点的形状，把它包在蛋糕上，并修掉多余的部分。在修剪两边的时候手要远离需要切的位置，这样可避免手碰到有颜色的翻糖。将刀平放在蛋糕上，水平切。

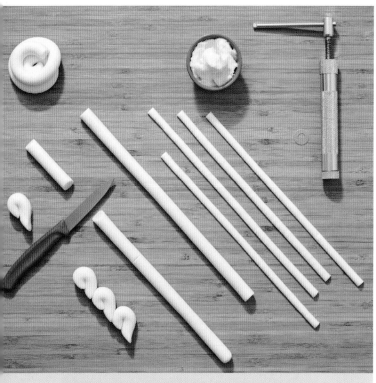

⑫ 做蛋糕"夹馅"： 将白色翻糖加少许起酥油混合使其变软，搓成 4 根长条。用挤泥器将每根长条挤出（实际只需要 3 根，以防万一，留一根备用）。

⑬ 在不同颜色的翻糖连接处刷一点管状凝胶，粘上白色长条。将长条做成轻微的波浪形，让它们看起来更真实。

⑭ 做一个"糖霜"旋涡： 取一块白色翻糖搓成 1.2 厘米粗、50 厘米长的细条，然后把它卷起来，粘在蛋糕上。

⑮ 制作翻糖"滚边"： 搓一根 1.2 厘米粗的白色翻糖长条，切成 6.4 厘米长的小段。把每段的一端卷起来，形成"波浪"的效果，然后把每一段波浪的尾部塑造成一个小角度，让下一段波浪紧贴着它，用管状凝胶粘在蛋糕上。

⑯ 将樱桃茎蘸上管状凝胶，然后用棒棒糖棒把整个樱桃粘在上面。最后，在每一粒糖针上涂上少量的管状凝胶，将其粘在蛋糕上，撒在你喜欢的任何地方——现在开始享用吧！

西 瓜

1

入门蛋糕

12~20 人份

我开 YouTube 频道的一个重要原因是可以做我的"愿望清单"蛋糕，而这款西瓜蛋糕位于清单顶部。我没有想到的是，我做的西瓜蛋糕成为了播放率最高的一个视频。西瓜蛋糕现在已经是一个名星产品，甚至是个巨星了。但这并不是我把它写进这本书的唯一原因，它实际上是一个完美的练习蛋糕绘画技巧的品种。

不过，做这款蛋糕的真正乐趣在于它从里到外看起来都像一个完美多汁的西瓜。外皮是翻糖，籽是巧克力片，果肉是粉丝绒蛋糕，好吃极了。通常在投入了这么多的爱和努力做好了蛋糕后，就很舍不得切蛋糕了，但是切这个蛋糕真的很令人惊喜。为了增加乐趣，你甚至可以把它切成薄片。

西 瓜

1

入门蛋糕

 材 料

1½ 份	尤氏粉丝绒蛋糕糊（见第 24 页）
2 杯	巧克力碎
1 份	尤氏意式奶油霜（见第 28 页）
1½ 份	尤氏简易糖浆（见第 32 页）
	糖粉，擀翻糖用
1820 克	白色翻糖
	凝胶食用色素：玫瑰红、红色、青苔绿色、黄绿色、毛茛黄色、象牙色
	食用酒精

 工 具

9 英寸半球形蛋糕模具（半球形蛋糕底座）

3 个 9 英寸圆形蛋糕模具（7.5 厘米深）

厨房秤

挤压瓶（见第 52 页）

锯齿刀

直尺

14 英寸圆蛋糕托

小抹刀

卷尺

擀面杖：木制和法式

翻糖抹平器

笔刷

球状和脉络塑形工具

你可以用一个 9 英寸的不锈钢碗替代半球形的蛋糕模具来烘焙蛋糕，并以同样的方式排列。

第一天：准备

① 预热烤箱到 180℃。在 9 英寸的半球形蛋糕模具和 3 个 9 英寸的圆形蛋糕模具底部铺上烘焙纸（参见第 43 页）。将半球形的模具放在烤盘上，保持模具直立。

② 根据食谱准备粉丝绒蛋糕面糊。把面糊分成两部分倒入每个蛋糕模具中，中间加入巧克力片。将面糊和巧克力片按照如下配方进行分配：

3 个 9 英寸圆形蛋糕模具

A	340 克	粉丝绒蛋糕糊
B	1/4 杯 / 个	巧克力碎
C	340 克	粉丝绒蛋糕糊

9 英寸半球形的蛋糕模具

A	680 克	粉丝绒蛋糕糊
B	1/2 杯	巧克力碎
C	680 克	粉丝绒蛋糕糊

分别将 A 倒入上述准备好的蛋糕模具中，再撒上 B，靠近模具边缘的 2.5 厘米范围内不撒，因为西瓜籽通常在西瓜的中间，而不是在边缘。最后倒入 C。

③ 将 9 英寸的圆形蛋糕烤 40 分钟，半球形蛋糕烤 1.5 个小时，直到中间插入一根牙签拔出来很干净。取出模具，放在冷却架上完全冷却。用保鲜膜裹紧，冷藏一夜。将蛋糕模具旋转一半。

④ 根据配方准备意式奶油霜，用保鲜膜将碗盖紧并冷藏。

⑤ 根据配方准备好糖浆，冷却至室温。可以留一点糖浆用作西瓜汁。把剩下的倒进挤压瓶里，冷藏。

在烘烤的时候，大部分巧克力会沉到面糊的底部，这没关系。

第二天：制作蛋糕

1 把意式奶油霜从冰箱里拿出来，恢复到室温。可能需要几个小时。

2 从蛋糕模具中取出 9 英寸的圆形蛋糕，并剥去烘焙纸。把蛋糕放平，用锯齿刀和直尺修平（参见第 46 页）。把蛋糕翻过来，用同样的方法切掉蛋糕底部焦糊的部分。从蛋糕模具中取出球形蛋糕，将其放平，确保将全部焦糊的部分切除。

3 把所有的蛋糕放在干净的台面上，淋上糖浆，要同时淋在球形蛋糕的平面和曲面上。让糖浆完全吸收后再继续下一步操作。

4 把意式奶油霜均匀地分在两个碗里。用玫瑰红和红色色素将一半的意式奶油霜染成和蛋糕一样的颜色。剩余的白色糖霜静置备用。

5 取一个 9 英寸的蛋糕放在 14 英寸的圆蛋糕托上，用小抹刀在蛋糕上涂上薄薄一层西瓜色奶油霜，撒上 1/4 杯巧克力碎，留 2.5 厘米宽的边缘。再取一块奶油霜涂在巧克力碎上。依次涂完另外两个圆蛋糕，并叠在上面。再将球形蛋糕的球面朝上，叠放在蛋糕上。放入冰箱冷藏 20~30 分钟，直到奶油霜摸上去变硬。

6 用锯齿刀切掉蛋糕上所有的焦糊部分，从顶部开始向下切，保持圆屋顶的形状。这时蛋糕已经有了西瓜的形状，避免过度修正，所以只要去掉焦黑部分就可以了。

7 用抹刀在蛋糕上抹上意式奶油霜（见第 54 页），放入冰箱冷藏 20~30 分钟，直到抹面表面摸上去变硬。

8 在抹面上再抹一层意式奶油霜，尽量使它光滑。再把它放回冰箱冷藏 20~30 分钟，直到奶油摸上去很硬。

9 **制作西瓜皮：** 测量蛋糕，从一边的底部向上测量到另一边的底部。在工作台面撒上糖粉，用木擀面杖擀出一个 1.2 厘米厚、足够覆盖蛋糕的翻糖片。用法式擀面杖挑起翻糖片，快速小心地盖在蛋糕上。用翻糖抹平器和手把蛋糕弄光滑，用水果刀削去蛋糕底部多余的翻糖，将多余的翻糖留到以后再用。

可以先调一部分底色，在一块富余的翻糖上做测试。若颜色太深，倒去一部分，再加入酒精稀释。若颜色太浅，再加一些青苔绿色素。

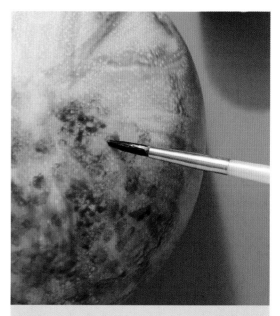

10 为了让西瓜皮看起来更真实，需要在翻糖上涂上几层颜料，待每一层都变干，再开始涂下一层。在一个小碗里，混合青苔绿、黄绿色、毛茛黄（让绿色更自然），再加入一点红色色素（让颜色变暗），加一点食用级的酒精稀释。用笔刷由上至下在蛋糕上画一层底色，使颜色覆盖整个蛋糕。晾 30 分钟至干。

11 在接下来的步骤中，放一个真正的西瓜在旁边是很有帮助的，能帮你找到合适的颜色和图案。加入更多的青苔绿到你刚用的颜料中，加深颜色。刷在蛋糕上形成斑点。晾约 30 分钟至干。

⑬ 再用最深的绿色颜料在蛋糕上面画上深色的斑点。晾约30分钟至干。

真正的西瓜不会特别对称——也就是说，斑点或多或少，条纹或深或浅。

⑫ 加更多的青苔绿进一步加深颜色，在蛋糕上画上条纹状图案，一次一条，从顶部中心向下画，然后用干刷子轻拍以柔化条纹图案。

15 我喜欢把这块蛋糕切成薄片，露出巧克力西瓜籽。我还喜欢在蛋糕中加入更多的巧克力碎，让它看起来更真实。

16 当你把"西瓜汁"洒在蛋糕底部的时候，也很有趣。你可以在预留下来的糖浆中加入少量的玫瑰红食用色素充当西瓜汁。现在，你就可以享受你自己做的多汁西瓜了！

14 **添加西瓜梗：**使用圆状工具在蛋糕的顶部中心轻轻压出一个凹痕。取一小块白色翻糖滚成球，塞进压痕里。用脉络塑形工具按压翻糖，增加纹理。在茎上涂上一点用酒精稀释的象牙色食用色素。让它完全晾干。

进阶蛋糕

耶！你会做蛋糕了！你已经完成了学做蛋糕的第一步，并完成了七个惊人的创作。请给自己一个大大的赞吧。

到目前为止，你已经掌握了抹面、包面、手绘，以及使用翻糖。接下来，我们将用到更多大蛋糕来塑形和雕刻出不同的形状。我之所以选择这些蛋糕，是因为它们的形状要求不高，也不太复杂，非常适合练习基本的雕刻技法，也能增强你对制作翻糖的信心。你会掌握翻糖和干佩斯的制作细节。

不要担心，这不仅仅是培养技能，本章的七个蛋糕特别有趣，它们会让你的客人惊叹的。

按顺序来试试这些蛋糕，每个蛋糕都比上一个更有挑战性。如果你受到鼓舞，想要尝试一种特殊的蛋糕，那就去做吧！现在你已经掌握了基本的技法，是时候大胆实现你的目标了。记住，失败不是成功的对立面，而是它的一部分。如果你失败了，你就会得到很多蛋糕碎块，这也不算太糟，对吧？所以让我们准备好，开始做蛋糕吧！

巨型苹果棒棒糖

我经过棒棒糖展示区时，都会驻足欣赏，它们的颜色和质地都非常吸引我。所以我想，做一个巨型的棒棒糖蛋糕一定会很有趣。我最喜欢这个蛋糕的地方是，它有很大的创意空间。你可以根据不同的主题或季节来给它配上不同颜色的丝带或蝴蝶结，就像真正的苹果糖果一样。把它作为礼物送给别人时，可以用他（她）最喜欢的颜色和糖果来装饰它。

这款蛋糕除了翻糖包面让它看起来像一个真苹果之外，我还用巧克力和糖果来装饰它的外观，使它看起来像一个真正的苹果糖果，同时还使它吃起来更美味。这款蛋糕造型简单，有助于提高学习者的塑形技能。事实上，做这个蛋糕最大的难点是，在制作完蛋糕前千万不要把所有的馅料都吃掉。

进阶蛋糕

巨型苹果棒棒糖

🔧 工 具

6 英寸球形蛋糕模具（两个半球）

挤压瓶

10 英寸圆形蛋糕模具

锯齿刀（大号和小号）

小号弯抹刀

擀面杖：木制和法式

大头针

水果刀

小笔刷

裱花袋

1.2 厘米粗 30 厘米长的木棍，一端削尖

丝带

🥤 材 料

1 份	尤氏香草蛋糕糊（见第 22 页）
1/2 份	尤氏意式奶油霜（见第 28 页）
1/2 份	尤氏简易糖浆（见第 32 页）
450 克	白色翻糖
	凝胶食用色素：牛油果色、绿色、深红色、白色和黄色
	糖粉，擀翻糖用
	食用酒精

配料

7 块	巧克力棒
56 克	黑复合巧克力
1/2 杯	糖衣巧克力（如 M 豆）

焦糖材料

115 克	牛奶复合巧克力
115 克	橙汁复合巧克力
2 茶匙	植物油
	凝胶食用色素：黄色和橙色

第一天：准备

1 预热烤箱至 180℃。在蛋糕模具底部铺上烘焙纸（参见第 43 页）。把蛋糕模具放在烤盘上，保持直立。

2 根据食谱准备香草蛋糕糊。把蛋糕糊刮到准备好的蛋糕模具里，抹平。烤一个小时，直到在中间插入一根牙签拔出来很干净。取出模具，放在冷却架上，让蛋糕完全冷却。用保鲜膜包严实，冷藏一夜。

> 把模具放在烤盘上再放入烤箱烘烤，防止蛋糕糊在烤箱里溢出来。清理起来很不方便。

3 根据食谱准备意式奶油霜，用保鲜膜将碗盖紧后冷藏。

4 根据食谱准备简易糖浆，冷却至室温，倒入挤压瓶冷藏。

5 **将翻糖染成青苹果色：** 白色翻糖加牛油果色、绿色和一点深红色色素，调成青苹果色——你需用足够的深红使绿色稍微变暗，但不要过量，将翻糖变成棕色。将翻糖用保鲜膜紧紧包裹起来，放在阴凉干燥的地方。

> 食用色素非常明亮，所以像青苹果这样的天然颜色很难调出来。下面是我降低亮度的诀窍：添加一点与你使用的主色形成对比的颜色。例如，在绿色里添加一点红色调。

第二天：制作蛋糕

1 从冰箱里拿出意式奶油霜，让它恢复室温，需要几个小时。

2 当蛋糕还在蛋糕模具里时，用锯齿刀把它们修平整，以蛋糕模具边缘作为依照。

3 将蛋糕从蛋糕模具里取出来，撕掉烘焙纸。从一个半圆蛋糕的底部切去一个薄片（它将成为苹果的底部，这样蛋糕就不会摇晃）。把它放在一个10英寸的圆形蛋糕模具上，盖上另一个半圆蛋糕，就形成了一个球形，然后用小锯齿刀切掉烤焦的外皮将其修成苹果形。用一个真正的苹果作为参考，慢慢修，你可以多修一会儿，但如果切多了就不能把它再粘回去了。

4 一旦你对形状满意了，就把两半分开，然后在蛋糕表面撒满简易糖浆。让糖浆充分浸透再继续下一步。

5 在两块蛋糕的切面处抹上一层意式奶油霜，对合成苹果形状。

6 用小锯齿刀在蛋糕顶部安装苹果把的地方挖出一个小凹痕。

7 用小弯抹刀在蛋糕上抹上一层意式奶油霜，放入冰箱冷藏20~30分钟，直到抹面表面摸上去变硬。

8 在抹面上再抹一层意式奶油霜，尽量使它光滑。再放冰箱冷藏20~30分钟，直到奶油霜摸起来很硬。

9 用小铲子或稍微湿润的指尖抹平奶油霜的凸起处。

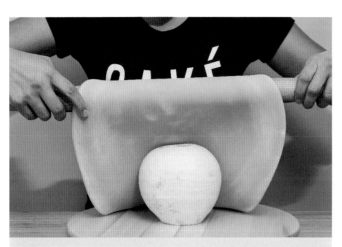

10 在工作台面上撒上糖粉，用木擀面杖将青苹果色翻糖擀成 0.2 厘米厚且足够覆盖蛋糕大小的糖皮。用法式擀面杖挑起糖皮，然后迅速小心地盖在蛋糕上。

11 翻糖盖在蛋糕上后，用手抹平。有气泡的位置用大头针斜着扎破糖皮，轻轻地挤出空气。把翻糖皮覆盖到蛋糕下部然后用水果刀切掉多余的部分。

你可以用绿色翻糖的边角料先测试你的颜色。

12 取一个小碗，各滴一滴牛油果色、白色和黄色食用色素，加酒精稀释。如果有结块，用纸巾或粗棉布过滤一下。用小笔刷蘸取颜料，从蛋糕的顶部中间位置开始描绘苹果的外观。

13 准备配料：把巧克力棒纵向切成两半，然后横向切成薄片。确保切得很薄，这样才不会掉落。

14 制作焦糖：将一个不锈钢盆放在装有微沸水的汤锅上，倒入牛奶复合巧克力和橙汁复合巧克力，搅拌熔化至顺滑。加入植物油、黄色和橙色的食用色素搅拌成焦糖色，倒入裱花袋。

16 在"焦糖"变硬之前，在每片巧克力片上挤一点"焦糖"，然后把它粘在蛋糕上。

17 将一个不锈钢盆放在装有微沸水的汤锅上，熔化黑复合巧克力，搅拌至顺滑，倒入裱花袋中。裱花袋剪口，把黑巧克力液挤在巧克力片上，再粘上糖衣巧克力。

18 把木棍的尖头插进蛋糕顶部的凹痕里，再系上一条漂亮的丝带就可以了！

15 剪去裱花袋的顶端，从蛋糕 2/3 左右高度处开始挤上"焦糖"。挤好后，用弯抹刀把"焦糖"均匀地抹光滑，抹到苹果的底部，使之看起来就像被焦糖覆盖了一样。

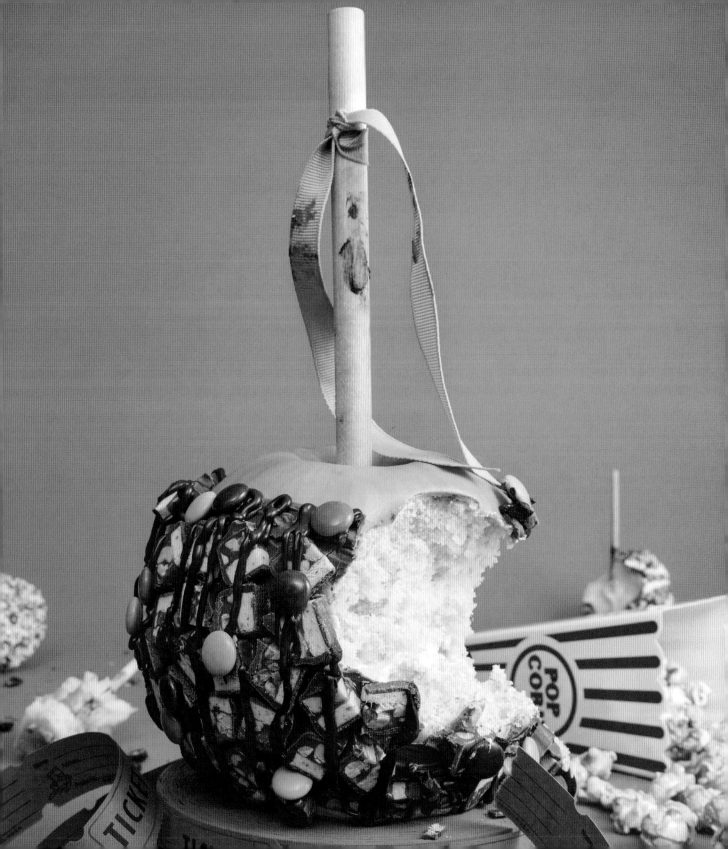

沙 桶

2

进阶蛋糕

　　夏天是我最喜欢的季节，有西瓜、有冰激凌，并且我的生日也在这个季节。我住在加拿大的多伦多市，这里的冬天很漫长，也很冷，所以当太阳开始照耀，温暖的天气来临，我的心就像音乐会一样在歌唱。这个蛋糕送给所有热爱夏天的人。

　　这款蛋糕特别适合在隆冬时节食用，因为此时每个人都很想念阳光，渴望甜食。它也很适合作为孩子们的生日蛋糕，因为多数孩子都喜欢海滩和挖沙子。用这款蛋糕你也可以玩沙子，只是这种沙子是用红糖和全麦饼干屑做的。用干佩斯制作贝壳也很有趣。你可以设计属于你的沙桶，用你或者对你而言特别的人最喜欢的颜色、图案来设计。不管你怎么切，这款蛋糕都会让你感觉是在度假！

12~16 人份

沙 桶

2

进阶蛋糕

 材 料

1½ 份	尤氏香草蛋糕糊（见第 22 页）
1/2 份	尤氏意式奶油霜（见第 28 页）
	绿松石色凝胶食用色素
1 份	尤氏简易糖浆（见第 32 页）
450 克	干佩斯
	植物起酥油
	透明可食用胶水
	糖粉，擀翻糖用
680 克	紫色翻糖
2 杯	袋装黄糖
1 杯	全麦饼干碎
	亮粉：粉红色和珍珠色
1/4 份	尤氏蛋白糖霜（见第 36 页）

 工 具

4 个 6 英寸圆形蛋糕模具

挤压瓶

不粘垫或木板

擀面杖：小号不粘的、木制的和法式的

圆形压模器：直径 2.5 厘米、11.5 厘米

807 号圆形裱花嘴

0.6 厘米粗 ×30 厘米长的木杆子

硅胶贝壳模具

笔刷

直尺、卷尺

2 个 10 英寸圆形蛋糕底托

小号弯抹刀

水果刀

翻糖抹平器

第一天：准备

1 预热烤箱至 180℃。在 3 个 6 英寸圆形蛋糕模具底部铺上烘焙纸（参见第 43 页）。

2 根据食谱准备香草蛋糕糊。把蛋糕糊装入准备好的蛋糕模具里，刮平面糊，烤一个小时，直到在中间插入一根牙签取出很干净。将模具从烤箱中取出，倒扣在冷却架上，让蛋糕完全冷却。用保鲜膜包严实，冷藏一夜。

3 根据食谱准备意式奶油霜。取一个小碗，加入 2 杯奶油霜、绿松石色食用色素搅拌，使其呈现出明亮的蓝绿色。用保鲜膜将两碗奶油霜（有颜色的和没有颜色的）紧紧裹住，冷藏。

4 根据食谱准备简易糖浆，冷却至室温，倒入挤压瓶，冷藏。

5 **制作桶柄：** 在不粘垫或木板上，用不粘擀面杖把 56 克的干佩斯擀成 46 厘米长的条状，然后切成 1.3 厘米宽的条，绕在 6 英寸蛋糕模具的底部，过夜晾干。

多准备一些干佩斯，因为它们很容易碎。

6 再擀一片干佩斯，用直径 2.5 厘米的圆形压模器压出两个圆，然后用裱花嘴在每个圆的中间切出圆环。

10 擀出另一块干佩斯，足以覆盖1/3段25厘米长的木扦子，涂上透明可食用胶水，把木扦子包起来，修剪多余的干佩斯。在干净的工作台上滚动木扦子，以确保干佩斯光滑，修剪掉顶部多余的干佩斯。

7 **制作贝壳：** 在硅胶贝壳模具中抹上少许起酥油，分别装入适量的干佩斯，成形后取出来，准备约 20 个，放在一边晾干。

8 **制作铲子：** 将木扦子切成两段，一段 5 厘米长，一段 25 厘米长。

9 取 56 克干佩斯加绿松石食用色素揉均匀，擀成一块足够长，能完全包住 5 厘米长木扦子的片，涂上透明可食用胶水，把木扦子包起来，修剪多余的干佩斯。在干净的工作台上滚动木扦子，使干佩斯光滑。将木扦子两端的干佩斯包严实至完全盖住木扦子，修剪掉多余的部分后抹平干佩斯。

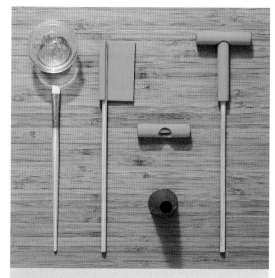

11 在短木扦接缝的中心处，用圆形裱花嘴刻一个小圆孔，挖出中间的干佩斯，这个孔留作连接铲子柄，放在一边过夜晾干。

第二天：制作蛋糕

① 把两种颜色的奶油霜从冰箱里取出来，恢复至室温，需要几个小时。

② 从蛋糕模具里取出蛋糕，撕掉烘焙纸。将蛋糕放平，用锯齿刀和直尺修平整，翻面，用同样的方法将蛋糕底部烤焦的部分切掉。

③ 用锯齿刀和直尺将所有的蛋糕水平切分成两层，平铺在干净的工作台上，轻轻淋上糖浆。让糖浆充分浸透再继续下一步。

④ 在 5 片蛋糕上用弯抹刀分别均匀抹上蓝绿色意式奶油霜。取一个 10 英寸圆形蛋糕底托，分别摆上蛋糕片（6 层，最上面一层蛋糕未抹奶油霜）。放到冰箱里冷藏 20~30 分钟，直到奶油摸起来变硬。

⑤ 在蛋糕的顶部中央（后期会将蛋糕翻转过来，这将是桶的底部），用圆形模具标记一个直径11.5厘米的圆，或在顶部放一个圆形模板，用锯齿刀呈 A 字型切向蛋糕底部，将蛋糕的周围切圆滑。

6 待桶的形状修整至比较满意时，用小弯抹刀在蛋糕的侧面抹上一层白色意式奶油霜。将蛋糕放入冰箱冷藏 20~30 分钟，直到抹面表面摸上去变硬。

7 在抹面上再涂一层意式奶油霜，尽量抹光滑，放入冰箱冷藏 20~30 分钟，直到奶油摸上去很硬。

8 测量蛋糕的高度和底部的周长。在工作台面撒上糖粉，用木擀面杖擀开一块紫色的翻糖，擀至 0.3 厘米厚，大小可以包住整个蛋糕为止（而不是盖住蛋糕）。

9 用擀面杖将翻糖片卷起来，快速小心地把它围在蛋糕的表面，用翻糖抹平器将其抹平整。两端重叠处，用直尺、水果刀将重叠处的翻糖切掉。去掉顶部和底部多余的部分，保持接缝处整齐、干净。

10 再擀一条紫色的翻糖，长度足够绕蛋糕底部一圈（也就是桶的边缘）。切成 0.6 厘米宽的条状，用笔刷沾少量水将其粘在蛋糕底部。

11 用裱花嘴的尖端在紫色翻糖桶边刻出两个圆圈，静置备用。

12 将一个 10 英寸的蛋糕托倒扣在蛋糕的中央，一只手放在下层蛋糕托的下方，另一只手放在上层蛋糕托的上方，紧紧压住蛋糕，但不要挤压它，迅速翻转蛋糕。取掉上层的蛋糕托。

13 在桶的底部添加几圈小凹痕，增添一些细节（可轻轻转动直尺，压出槽，形成 3 条凹进去的线）。

14 将黄糖和全麦饼干碎混合成"甜沙子"，撒在桶的顶部，确保盖住所有暴露在外的蛋糕。把剩下的"沙子"铺在桶的底部，让它看起来像在沙滩上。

这个蛋糕有一桶的乐趣！

15 在干了的干佩斯贝壳上，刷上一些粉红色和珍珠色的亮粉（小贴士：可在纸巾上操作，每次刷一种颜色，这样可以节省光泽粉）。把它们放在蛋糕底部周围和蛋糕顶部的沙子里。

16 用一点蛋白糖霜把用白色干佩斯做的桶把粘在蛋糕的两端，再在提手的两端用蛋白糖霜各粘上一个白色的干佩斯圆环，然后在中间粘上紫色的圆圈，让提手看起来像是连着桶的。

17 将铲子木把轻轻地插入到蛋糕的底部，将裸露的木杆子埋进去，如果这样放会使"沙子"溢出，可以把它装在桶把的周围。用蛋白糖霜将短的木杆子粘在长的木杆子的顶部，孔洞对齐铲把。

小猪存钱罐

有谁会不珍惜自己成长过程中的存钱罐呢？我还留着我小时候的存钱罐，里面存着我收集的世界各地的硬币。但真正启发我做这个蛋糕的是我儿子对他的存钱罐的珍爱，如果我给他做个存钱罐蛋糕，他一定会非常开心的，我相信很多其他小朋友也会有同样的感觉。

这款蛋糕特别适合小朋友聚会或过生日，我称之为"塑造最可爱的比例"：它的造型虽然非常小，但可爱得无与伦比。这也是一个完美的用于练习翻糖细节的蛋糕，小猪的颜色或面部表情都可按喜好创意。我让我的小猪抬头看上面的硬币，你可以让它眨眨眼。这块蛋糕最吸引人的是什么？切开它，享受里面的东西吧！

12~15 人份

小猪存钱罐

进阶蛋糕

 材 料

2 份	尤氏巧克力蛋糕糊（见第 20 页）
1/2 份	尤氏意式奶油霜（见第 28 页）
	浅粉色凝胶食用色素
1 份	尤氏简易糖浆（见第 32 页）
30 克	黑色翻糖
	糖粉，擀翻糖用
1360 克	粉色翻糖
680 克	CMC 粉
2 杯	透明可食用凝胶
30 克	干佩斯
	生意大利面
	亮粉：粉色、珍珠色、银色、金色
	食用酒精
	硬币形状巧克力

 工 具

9 英寸球形蛋糕模具（两个半球）
挤压瓶
锯齿刀
14 英寸圆形蛋糕底托
抹刀：小号，弯抹刀、直抹刀
不粘垫或不粘板
擀面杖：小号不粘的、木制的和法式的
5 厘米长的椭圆形模具
卷尺
翻糖抹平器
牙签
球形成形工具
字母"I"切割器
软笔刷
807 号圆形裱花嘴
圆头或尖头塑形工具

第一天：准备

1 将烤箱预热到 180℃。在两个半球形蛋糕模具中铺上烘焙纸（参考第 43 页）。将模具放在圈形模具上，再放在烤盘中，使其保持直立。

2 根据食谱准备巧克力蛋糕糊。把蛋糕糊装入准备好的蛋糕模具里，刮平面糊，烤 2 个小时，直到在中间插入一根牙签取出时无蛋糕液带出即可。取出蛋糕，放在冷却架上，让蛋糕完全冷却。用保鲜膜包严实，冷藏一夜。

3 根据配方准备意式奶油霜。加入浅粉色食用色素搅拌，使其变成柔和的粉红色。用保鲜膜裹紧后冷藏。

4 根据配方准备简易糖浆。冷却至室温后倒入挤压瓶中并冷藏。

第二天：制作蛋糕

1 从冰箱里取出意式奶油霜，使其恢复到室温，需要几个小时。

2 把蛋糕脱模，弯曲的一面向下放置（像一个碗）。用锯齿刀将顶端修平，确保每个半圆球的高度一致。

3 用纸做一个长约 19.5 厘米、宽约 17 厘米的椭圆形模板，模仿小猪存钱罐的形状。将模板放在蛋糕平面上的中心位置，用水果刀沿着模板直切约 2.5 厘米深，取下模板，将蛋糕倒扣过来（平面朝下），在离底部 2.5 厘米处沿着蛋糕切一圈，去掉切下来的多余的蛋糕，露出小猪存钱罐的椭圆形截面。用锯齿刀把圆顶修成椭圆形顶，确保切口与底部的椭圆形吻合。用同样的方法制作另半个球体。

4 当你对每半个蛋糕的形状都满意时，沿着平的一面把它们对叠起来。如有需要，可以用锯齿刀继续修剪，以确保两半蛋糕形成光滑的椭圆形。

5 把两半蛋糕分开放在干净的工作台上，在每个平面和曲面都淋上简易糖浆，让糖浆充分吸收再继续下一步。

6 在 14 英寸的圆蛋糕底托上放一个半球体蛋糕，平面朝上，用直抹刀在平面抹上意式奶油霜，抹至边缘处。将另一个半球体蛋糕平面向下摞在上面。如果感觉蛋糕不稳定（它本身的重量应该足以防止它滚动），可以从蛋糕底部切下非常薄的一片，让蛋糕立稳。

7 用弯抹刀在蛋糕上抹上意式奶油霜，放入冰箱冷藏 20~30 分钟，直到表面摸起来变硬。

8 在蛋糕表面再抹上一层意式奶油霜，试着尽可能抹得光滑一些，重新放回冰箱冷藏 20~30 分钟，直到意式奶油霜硬得能够触碰。

9 如果有不平整的地方，用湿指尖抹光滑，或用抹刀再抹一些意式奶油霜。

10 在不粘垫或不粘板上，用不粘擀面杖将黑色翻糖尽量擀薄，用水果刀切出一块 2.5 厘米 ×7.5 厘米的长方形，把它粘在猪背的顶部中央，用作投币口。

> 当你把粉色翻糖覆盖在小猪存钱罐表面后，在粉色糖皮上剪开一条缝，露出的黑色看上去就像里面是空的一样。

11 做猪鼻子：取 30 克粉色翻糖擀成 1.2 厘米厚的薄片，用 5 厘米长的椭圆形模具刻出一个椭圆，用食用胶水粘在蛋糕的一端，确保它粘在意式奶油霜上。

12 测量整块蛋糕的大小，从一侧的底部到顶部，再到另一端的底部；从另一侧的底部到顶部，再到另一端的底部。在工作台上撒上糖粉，用木擀面杖把一块粉色翻糖擀成 0.6 厘米厚且足够覆盖整个蛋糕的圆形薄片。

13 用法式擀面杖把翻糖片挑起来，迅速而小心地把翻糖盖在蛋糕表面，用手和翻糖抹平器把蛋糕抹平。把翻糖塞进接近底部的曲面里。如果鼻子周围有气泡，用牙签轻轻刺穿翻糖排出气泡，并使其保持平滑。圆顶蛋糕的底部有褶皱是很正常的，不要担心，保持表面光滑。

14 修剪掉多余的翻糖，不要担心出现的任何裂缝——之后还有机会修复，把蛋糕放到冰箱里冷藏 20 分钟。

15 修复底部的折痕：取一些粉色的翻糖加水混合调至能抹开，做成软糖糊。用直抹刀在折痕上慢慢抹上少量的糊状物。

16 制作小猪的鼻孔：用球形成形工具在鼻子上压出两个印记。

17 用"I"形切割器切掉蛋糕中间的投币口，也就是你放黑色翻糖的地方，注意只切掉粉色翻糖即可。确保投币口大到能装下一枚巧克力硬币。

18 制作小猪的身体部分：取 340 克粉色翻糖加 1/2 茶匙 CMC 粉揉匀，用于制作小猪的腿、耳朵和尾巴。

19 制作腿：取一些粉色翻糖 CMC 混合物搓成 15 厘米长、5 厘米粗的圆柱形，切成四等份，每份约 3.7 厘米长。取一个小段，在顶部剪成一个角度，这样才能塞进猪的侧面。可能需要不停地修剪才能使腿的角度合适，所以一定要有耐心。用一点可食用凝胶把它粘在猪身上。重复做好其余的腿。

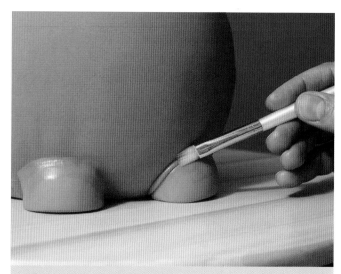

20 每条腿上面都会有空隙，需要填补一下，让它们看起来没有缝隙。取少量粉色翻糖 CMC 混合物搓成 4 根细条，长度与缝隙差不多长即可，然后将它们用少许水粘在缝隙处。用湿笔刷反复地抹平，将其变成填补空隙的"腻子"，从而使接缝光滑。

做小猪的耳朵时，最重要的是其大小要和小猪的其他部位协调。

21 **制作耳朵**：将 56 克粉色翻糖 CMC 混合物分成两份，搓成两个相同的球，再分别做成三角形。用手指把上面的两条边压薄一些，三角形的中间和底部边缘厚一点。调整底部边缘的弧度，使之紧贴小猪的头。

22 **做尾巴**：取少量粉色翻糖CMC混合物搓成一根细条，一端搓尖，卷起来，就像猪的卷尾巴一样，这样尖的一端就会向上翘。

23 **制作眼睛**：在不粘板上用不粘擀面杖将白色干佩斯擀成薄薄的片，然后用 807 号裱花嘴刻出两个圆片。用小擀面杖擀成椭圆，再将前面剩下的黑色翻糖擀成薄片，用同样的裱花嘴刻出两个圆片。用食用凝胶将黑色圆片粘到白色椭圆上，记住你想做的小猪表情——我做的小猪蛋糕眼睛是向上看的，你的小猪眼睛可以朝一边看，也可以直视。

24 **添加细节**：用一根意大利面将尾巴、耳朵固定在小猪上，确保耳朵均匀地固定在头的两侧。像填充腿的空隙一样填充耳朵周围的空隙（见步骤 20）。

当你打碎这个存钱罐的时候不必太伤心!

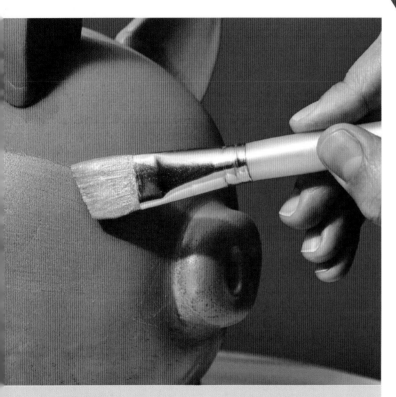

26 拨开巧克力硬币，在表面涂上银色或金色亮粉。在一枚硬币巧克力的一端切下一小条，使其能平放在投币口上，就好像它被投进去了一样。如果它不能保持直立，小心地把它插进蛋糕里。把其他硬币巧克力放在存钱罐的周围。

25 取一个碗，将粉色、珍珠色亮粉（约 1 罐粉色和 1/2 罐珍珠色）与足够的食用酒精混合，调成颜料一样的稠度。用软笔刷沿同一方向涂满整个小猪表面，让小猪蛋糕呈现出漂亮的瓷器般的光泽。如果需要，可再涂一次，待第一层完全干透后，再涂第二层。

椰 子

出版这本书是我一直以来的梦想，我是一个非常多愁善感的人，它的每一页内容都充满了对我最爱的人和事的小小敬意。这款椰子蛋糕是献给我妈妈和她的家乡——格林纳达的。格林纳达位于东加勒比海向风群岛的最南端，在我心中是一个非常特别的地方。

我选择做一个椰子蛋糕来代表格林纳达，是因为格林纳达岛上长满了棕榈树和椰子。很多人告诉我，他们不喜欢椰子的味道，但是我做的椰子蛋糕总能俘获他们，它具有一种微妙而又美味的天然风味。这款蛋糕是为你身边的海滩爱好者制作的完美蛋糕，可为您带来一些夏日气息，就像去海岛旅行一样。

10~12 人份

椰 子

2

进阶蛋糕

 工 具

6 英寸圆形蛋糕模具（7.5 厘米深）

4 个 7 英寸圆形蛋糕模具（7.5 厘米深）

挤压瓶

牙签、竹扦

锯齿刀

直尺

12 英寸蛋糕底托

小号弯抹刀

直径为 6.4 厘米的圆形刻模

软笔刷

水果刀

卷尺

擀面杖：木制和法式

 材 料

椰子部分

1½ 份	尤氏椰子蛋糕糊（见第 26 页）
1/2 份	尤氏意式奶油霜（见第 28 页）
1 罐（425 克）	椰奶（例如可可洛佩兹）
1 份	尤氏简易糖浆（见第 32 页）
1100 克	白色翻糖
	凝胶食用色素：白色、黑色、牛油果色、绿色、叶绿色以及深红色
115 克	白色复合巧克力
	糖粉，擀翻糖用
	食用酒精
	多香果粉

吸管部分

115 克	干佩斯
	蓝绿色凝胶食用色素
	透明可食用凝胶
	植物起酥油（如果需要的话）

第一天：准备

❶ 将烤箱预热到 180℃。在一个 6 英寸圆形蛋糕模具和 4 个 7 英寸圆形蛋糕模具的底部铺上烘焙纸（参见第 43 页）。

❷ 根据配方准备椰子蛋糕糊。把蛋糕糊装入准备好的蛋糕模具里，刮平面糊，烤 1 小时 15 分钟，直到在中间插入一根牙签取出后无蛋糕糊带出即可。取出模具，放在冷却架上，让蛋糕完全冷却。用保鲜膜包严实，冷藏一夜。

❸ 根据配方准备意式奶油霜，加入一杯椰奶，打匀，用保鲜膜盖紧并冷藏。

❹ 根据配方准备简易糖浆，冷却至室温，倒入挤压瓶并冷藏。

❺ **将 225 克翻糖调成灰白色：** 在白色翻糖中一点点地加入白色和黑色的食用色素，直到翻糖变成灰白色。

❻ 将剩下的翻糖加牛油果色、绿色、叶绿色食用色素调成类似真正椰子的颜色。如果你没有真正的椰子做参考，看看照片，试着调整颜色。如果绿色太亮，可以加入一些深红色的食用色素使其稍微变暗。将灰白色和绿色的翻糖用保鲜膜紧紧包裹起来，放在阴凉干燥的地方。

❼ **制作吸管：** 取一半的干佩斯加蓝绿色食用色素调匀，把它搓成 30 厘米长 0.3 厘米粗的细条。把剩下的白色干佩斯搓成同样粗细的细条。将两种颜色的干佩斯并排缠绕在涂有透明可食用凝胶的竹扦上，中间不要有空隙（若卷的过程中干佩斯变干，可将两种颜色的细条分开取下来，加一点植物起酥油揉匀，再重新搓成细条）。卷好后在工作台上搓一搓，使干佩斯表面光滑，修剪顶部使其平整，静置一夜晾干。

第二天：制作蛋糕

1 从冰箱里取出意式奶油霜，使其恢复到室温，需要几个小时。

2 从模具里取出蛋糕，撕掉烘焙纸。把蛋糕放平，用锯齿刀和直尺把蛋糕修平整齐。把蛋糕翻过来，用同样的方法切掉蛋糕底部烤焦的部分。

3 将所有的蛋糕放在干净的工作台上，淋上简易糖浆。让糖浆充分浸透再继续下一步操作。

4 在每个 7 英寸的蛋糕上抹上一层椰子奶油霜，用小号弯抹刀抹平。在 12 英寸的蛋糕底托上一层层摞上 7 英寸的蛋糕，最后放上 6 英寸的蛋糕（不涂奶油霜）。放入冰箱冷藏 20~30 分钟，直到奶油摸上去变硬。

6 **在椰子的顶部挖一个洞：**用直径为 6.4 厘米的圆形刻模压出一个圆形的印，然后用勺子挖出一个洞（耶！一块小点心来了），挖的深度不超过两层蛋糕。

5 用锯齿刀把蛋糕修成椰子的形状，把底部切圆，顶部切细，看起来就像一个刚切开的椰子。

7 用一把小号弯抹刀在蛋糕表面抹上一层椰子奶油霜，放入冰箱冷藏 20~30 分钟，直到奶油霜摸上去变硬。

9 在蛋糕上再涂一层椰子奶油霜，尽量抹光滑，放入冰箱冷藏 20~30 分钟，直到奶油霜摸上去很硬。

10 测量椰子顶部的尺寸，从椰子开始呈圆锥形地方的中间向上到另一边的中间。在工作台上撒一层糖粉，用木擀面杖将白色翻糖擀成 0.3 厘米厚的薄片，迅速地将翻糖覆盖在蛋糕的顶部，尽可能包平整。用圆形刻模切掉蛋糕顶部空的部分。

11 白色翻糖约覆盖了椰子的 1/3，在椰子顶部锥形部分与底部圆形部分相交的地方将翻糖修平。把蛋糕放进冰箱冷藏大约 20 分钟，直到翻糖变硬。

8 将不锈钢盆放在一锅温水中，加入白色复合巧克力隔水熔化，搅拌至顺滑。取一部分巧克力液倒进蛋糕顶部的凹槽中，在其他的巧克力液变硬前用软笔刷由下往上涂满整个蛋糕。

松软的翻糖会从奶油霜表面脱落，将整块蛋糕放进冰箱冷藏使它变硬后会容易操作得多。

12 为了让椰子的顶部看起来更逼真和有纤维感，在灰白色的翻糖表面用水果刀从上往下划一些浅的划痕。

13 测量整块蛋糕的尺寸。从一边的底部到顶部，再到另一边的底部。将绿色的翻糖擀成比需要尺寸稍微大一点的薄片。用法式擀面杖挑起翻糖片，然后迅速小心地覆盖在蛋糕上，用手压平整，用水果刀从底部切掉多余部分的翻糖。

14 把顶部多余的绿色翻糖修掉，修齐两种颜色的接缝处。

15 用指尖轻轻地将绿色翻糖压平在灰白色的翻糖上，将蛋糕放进冰箱冷藏约 20 分钟，直到翻糖变硬。

16 用水果刀的刀刃在绿色翻糖上划一些裂纹、凹痕和划痕，使蛋糕看上去像真椰子一样。

17 将白色食用色素加食用酒精混合均匀，用软笔刷从上往下刷满蛋糕的灰白色部分，再在顶部中空的边缘刷上多香果粉，让椰子看起来像是被氧化了似的。

18 将绿色食用色素加到白色色素的酒精混合物中，用软笔刷从上往下刷在绿色的翻糖上，干透后再刷一次。

⑳ 在上桌之前，为了达到真实的效果，把剩下的椰子奶油霜倒进椰子顶部的空心处。不要担心，白色的巧克力涂层会防止椰子奶油霜弄湿蛋糕。

㉑ 最后把用干佩斯做的吸管插进蛋糕里，还可插上纸伞或其他装饰。

⑲ 用干燥的软笔刷蘸取多香果粉涂在椰子绿色部分的切口和划痕上。在绿色和白色部分的边缘涂一点多香果粉使其变暗。

金字塔

我的大部分新奇蛋糕都是用翻糖做的，因为在制作栩栩如生的蛋糕细节方面，翻糖绝对是王者。这个金字塔蛋糕的灵感来自古代的金字塔，所以我觉得最好也用古老的原料和素材来呈现，如巧克力、黄金等。对于像我这样的巧克力爱好者来说，这个蛋糕简直就是一个大惊喜，当然，你也可以用其他类似的糖果来覆盖它，如口香糖。

16~20 人份

这款蛋糕真正吸引人的地方在于，它里面有一个装满了巧克力硬币的密室。每个人都喜欢有惊喜的蛋糕吧，这个蛋糕最有趣的就是它与主题非常相符。

金字塔

进阶蛋糕

材料

2 份	尤氏终极香草蛋糕糊（见第 22 页）
1 杯	巧克力碎
2 份	尤氏黑巧克力甘那许（见第 34 页）
2 份	尤氏简易糖浆（见第 32 页）
约 50 粒	用金箔包裹的巧克力硬币（多少取决于蛋糕的尺寸）
3600 克	长方形巧克力块（如好时巧克力块）
4 罐（2.5 克装）	金色亮粉
	金色砂糖（可选）

工具

2 个 4 英寸方形蛋糕模具（7.5 厘米深）

2 个 6 英寸方形蛋糕模具（7.5 厘米深）

2 个 8 英寸方形蛋糕模具（7.5 厘米深）

挤压瓶

锯齿刀

直尺

水果刀

14 英寸方形蛋糕底托

裱花袋

809 号裱花嘴

小号弯抹刀

软毛刷

我用的是一个新的化妆刷

第一天：准备

1 预热烤箱至 180℃。在所有方形蛋糕模具的底部铺上烘焙纸（参见第 43 页）。

2 根据配方准备香草蛋糕糊，轻轻拌入巧克力碎（在烘烤前再加入巧克力碎，这样就不会熔化，颜色也不会弄混）。将蛋糕糊刮入准备好的蛋糕模具中，每个模具中的蛋糕糊高度不高于 1/2 处，抹平面糊。烤 35~40 分钟，或者将牙签插入中心部分拔出无蛋糕糊带出即可。将模具取出放在冷却网上，待蛋糕完全冷却，用保鲜膜包严实，冷藏一夜。

3 根据配方准备黑巧克力甘那许，放室温完全冷却后，盖上盖子备用。

4 根据配方准备简易糖浆，冷却至室温，倒入挤压瓶，冷藏。

第二天：制作蛋糕

1 从模具中取出蛋糕，撕掉烘焙纸。将蛋糕放平，用锯齿刀和直尺把蛋糕修平。将蛋糕翻过来，用同样的方法修掉蛋糕底部烤焦的部分。确保所有的蛋糕都一样高。

2 为你的巧克力宝贝挖一个秘室：将 4 枚巧克力硬币并排摆放成正方形，并测量正方形的长度和宽度，按照这一尺寸用一张纸剪一个正方形的模板。取一个 8 英寸的蛋糕放在台面上，在蛋糕正中间放上纸模板，用水果刀在蛋糕上切出这个正方形。再取一个 8 英寸的蛋糕重复上述操作。保留切割出来的小方块，它们将成为金字塔的两层顶层。

3 再做一个只有一枚巧克力硬币大小的正方形纸模板，将模板放在一个 6 英寸方形蛋糕的正中心，用水果刀在蛋糕上切下一个小正方形。再取一个 6 英寸的蛋糕重复上述操作（把切下来的蛋糕当作零食来吃吧）！

4 把所有的蛋糕，包括两个切好的小正方形蛋糕放在干净的工作台上，淋上简易糖浆。待糖浆充分吸收后，再进行下一步操作。

5 取一个 8 英寸的方形蛋糕放在 14 英寸的方形蛋糕底托上，将甘那许装入装有 809 号圆形裱花嘴的裱花袋中，挤在蛋糕的顶部表面。用弯抹刀涂抹，尽量让甘那许远离中间的方形（密室）。

6 再放上第二块 8 英寸方形蛋糕，刮掉渗入蛋糕内的甘那许。在"密室"里装四摞巧克力硬币，直到它们的高度与蛋糕层的顶部持平。

7 在蛋糕上挤上巧克力甘那许，抹平，记得在蛋糕的外缘留出约 2.5 厘米的边不抹，然后在正中间放一个 6 英寸的蛋糕，挤上巧克力甘那许，避开方形部位，再盖上另一片 6 英寸蛋糕，用一叠巧克力硬币将"密室"填满。

8 在蛋糕的顶部抹上巧克力甘那许，留出 2.5 厘米的边缘不抹，然后居中放上一片 4 英寸的蛋糕。在 4 英寸的蛋糕上面涂抹巧克力甘那许后，放上另一片 4 英寸的蛋糕，在顶部再涂抹上巧克力甘那许。

9 将之前切下来的一块正方形蛋糕放在正中间，在上面抹上巧克力甘那许，再盖上第二片切割出的方块蛋糕（但不要在顶部涂抹巧克力甘那许）。把蛋糕放进冰箱里冷藏 20~30 分钟，直到巧克力甘那许变硬。

11 用锯齿刀慢慢地沿着蛋糕两边的对角线切下去，确保刀能切到蛋糕的另一边，这样蛋糕就有两条 A 字形的边，同时这两条边又呈阶梯状。重复此操作，切出一个金字塔形状。

10 是时候雕刻金字塔了！测量并找到蛋糕顶层的中心，在蛋糕顶部画一个十字。将蛋糕的一面对着自己，用水果刀沿蛋糕顶部标记处向蛋糕左下角处划出一条对角线。在其他三个边重复上述操作。

12 用弯抹刀在整个蛋糕上涂上巧克力甘那许。如果甘那许变硬，无法抹开，可以放进微波炉里稍微加热一下，每次加热不超过 10 秒钟，搅拌使其顺滑后再继续涂抹。将蛋糕放入冰箱冷藏 20~30 分钟，直到甘那许摸起来很硬。

13 为了在蛋糕表面粘上巧克力块，你可以边涂抹巧克力甘那许，边粘巧克力块。先从金字塔蛋糕的底部向上涂抹约 2.5 厘米高度的巧克力甘那许，当巧克力甘那许还是软的时候快速码上巧克力块，从边上向中间堆码，直到它们在两边的中心对齐。

涂抹甘那许的时候要尽量快一点，因为甘那许会很快变硬。如果你觉得时间来不及，可以一次只涂金字塔的一面。

14 如果它们不能在两边的中间对齐，可以用水果刀切一块巧克力以填补空隙，确保切割用于补缺的巧克力不会出现在每一行的同一位置。

15 每次涂抹 2.5 厘米高度的巧克力甘那许再粘巧克力块，一直把巧克力粘满金字塔，直到顶部。

16 当蛋糕被巧克力块完全覆盖后，用软毛刷在巧克力块上刷上金色的亮粉。

17 如果你喜欢，可以在金字塔底部周围堆上一层金色砂糖，并将剩下的巧克力块刷上金色亮粉，堆到一边，让它们看起来就像古代的废墟。现在开始享受你埋藏的宝藏吧！

巨型巧克力

进阶蛋糕

我早期做蛋糕的时候，曾经营着一家小型的定制蛋糕店，这款巨型巧克力蛋糕是当时人们过生日、聚会的热门之选。我非常喜欢这款蛋糕，因为它的用途非常广泛，且很有个性。你可以根据定制者的名字、喜欢的颜色甚至他们的年龄来定制包装。

20~24 人份

这款蛋糕是我和我最好的朋友比安卡（Bianca）一起创作的，她是一名平面设计师，负责了外包装的设计。如果您想重新创作自己喜欢的外包装，可以先打印出一个放大版的徽标版本，把它作为模板。当然，设计并不仅仅局限于外包装——您也可以设计巧克力上的标志，在巧克力上画上线条或图案，或者刻上巧克力的名称。另一种方法就是，可以用自己喜欢的巧克力来代替里面的威化饼干层。所以，如果你像我一样喜欢创作出个人风格，并且希望在庆祝活动中能够吸引大众眼球的话，你一定会非常想尝试一下这款蛋糕。

巨型巧克力

进阶蛋糕

 工 具

23 厘米 ×33 厘米的蛋糕模具（7.5 厘米深）

挤压瓶

不粘垫或不粘板

擀面杖：小号不粘的、木制的和法式的

几张纸巾

锯齿刀

直尺

36 厘米 ×48 厘米的蛋糕底托

小号弯抹刀

翻糖抹平器

水果刀

滚珠雕刻工具或字母切割机

卷尺

纹理雕刻工具

软笔刷

纸模板

雕刻刀

9 号圆形裱花嘴

直径 6 厘米的圆形刻模（选配）

 材 料

1½ 份	尤氏巧克力蛋糕糊（见第 20 页）
2 份	尤氏黑巧克力甘那许（见第 34 页）
1 份	尤氏瑞士巧克力奶油霜（见第 30 页）
1 份	尤氏简易糖浆（见第 32 页）
226 克	干佩斯
450 克	白色翻糖
85 克	黑色翻糖
约 48 块	威化饼干
	糖粉，擀翻糖用
450 克	巧克力色翻糖
	银色亮粉
	食用酒精
900 克	黄色翻糖
115 克	紫色翻糖
	透明管状食用凝胶

第一天：准备

1 预热烤箱至 180℃。在蛋糕模的底部铺上烘焙纸（参见第 43 页）。

2 根据配方准备巧克力蛋糕糊。把面糊倒入准备好的蛋糕模具里，烤 1 小时 10 分钟，或者将牙签插入中心部分拔出无蛋糕糊带出即可。取出模具，放在冷却架上，待蛋糕完全冷却。用保鲜膜包严实，放冰箱冷藏一夜。

3 根据配方准备巧克力甘那许，室温冷却后，盖上盖子放置一晚，备用。

4 根据配方准备瑞士巧克力奶油霜，用保鲜膜盖紧，放冰箱冷藏。

5 根据配方准备简易糖浆，冷却至室温，倒入挤压瓶中，放冰箱冷藏。

6 把干佩斯、225 克的白翻糖和 15 克的黑翻糖揉在一起成银灰色，分成两份，包上保鲜膜，静置备用。

7 把银灰色翻糖分成 3~5 小块。在不粘垫上，用不粘擀面杖把一份翻糖擀得尽可能的薄——像纸一样，这将成为从巧克力块上撕下来的铝箔纸。用手撕开，这样两端看起来会有裂痕。把几张纸巾揉成团，将撕开的翻糖薄片铺在揉皱的纸巾上。放在一边过夜晾干。将剩余的翻糖用保鲜膜包严实，放在一边。

第二天：制作蛋糕

❶ 从冰箱里拿出奶油霜，放在室温回温，需要几个小时。

❷ 从模具中取出蛋糕，撕掉烘焙纸。把蛋糕平放在工作台上，用锯齿刀和直尺修平。保留切下来的蛋糕顶，稍后会用到。

❸ 用锯齿刀沿蛋糕的长边修去 5 厘米左右，使其变成 18 厘米 ×33 厘米的矩形，切分成两层，使其变成两片 18 厘米 ×33 厘米的蛋糕片。

❹ 将步骤 2 预留下来的蛋糕顶切成和步骤 3 的蛋糕片一样的高度，然后切成 18 厘米 ×20 厘米的矩形（修剪下来的碎片可以当零食哦）。再切成两半，变成两个 18 厘米 ×10 厘米的矩形，叠在一起，放在步骤 3 蛋糕的一端，这样就得到了一个 18 厘米 ×43 厘米的蛋糕。

❺ 在顶部四条边向内的 1.3 厘米处划线，做上标记，从标记处向下斜切到底部四条边的外边缘，做成锥形边缘。

❻ 将所有切好的蛋糕片放在干净的工作台上，淋上简易糖浆。待糖浆充分吸收后，再进行下一步操作。

❼ 在蛋糕底托上摆上一层蛋糕，用弯抹刀在蛋糕表面涂抹一层瑞士巧克力奶油霜，在整个蛋糕表面铺满威化饼干，排紧，中间不要留空隙，根据需要，可以修剪饼干。在饼干上再涂抹一层瑞士巧克力奶油霜，然后放上另一层蛋糕。如果需要，修剪蛋糕侧面的斜角切口，使它们对齐。

❽ 用弯抹刀在蛋糕表面涂抹上一层巧克力甘那许，放入冰箱冷藏 20~30 分钟，直到甘那许摸起来很硬。

9 再涂一层巧克力甘那许，放入冰箱冷藏20~30 分钟，直到甘那许摸起来很硬。

10 **制作巧克力块的末端：** 在工作台上撒糖粉，用木擀面杖将巧克力色的翻糖擀成0.2厘米厚的薄片，大小足够覆盖蛋糕末端9厘米长的部分，并能完全覆盖蛋糕末端的两面。用法式擀面杖挑起翻糖片，迅速小心地把翻糖盖在蛋糕的一端，将翻糖抹光滑，然后用水果刀修剪掉底部多余的翻糖。用直尺和水果刀在翻糖上划出一条干净的线——这就是即将要贴黄色包装纸的边缘。

11 用字母切割器在翻糖条上刻上巧克力条的名字，或者刻上蛋糕定制人的名字。使用卷尺可以帮你把切割器排成一条直线，把标记对准蛋糕的中心。掸去字母上的碎屑，以便留下清晰的印记。也可以用雕刻工具在蛋糕上创作一个图案，或用水果刀在上面刻线。

12 **制作折叠的铝箔包装部分：** 将剩下的银灰色翻糖擀成不超过 0.3 厘米厚的薄片，用它包住蛋糕另一端的 1.2厘米处。用翻糖抹平器将其抹光滑，然后用水果刀修掉多余的部分，在蛋糕的顶部和两侧切出一条干净的线。

14 取一个小碗，将银色亮粉和食用酒精混合在一起，调成像颜料一样的稠度。在巧克力条末端的铝箔纸及所有皱巴巴的银灰色翻糖片上都涂上银色亮光涂料。涂抹皱巴巴的碎片时，要小心处理，因为它们薄又易碎。如果真的碰坏了，不要担心，它们看起来就像铝箔包装纸上的小片。放在一边晾干。

13 制作折叠的铝箔纸包装角：在底边上两个角向内的 6.3 厘米处各做一个小标记。用纹理工具和直尺在标记处到顶角的对角线上压印一条线，使它看起来像是铝箔纸上的一个折痕。

15 待银色涂料完全干透后，测量整个蛋糕的长度（包括铝箔端和翻糖端）和宽度，从一边的底部开始，到顶部再到另一边的底部。擀出略大于这个尺寸的约 0.3 厘米厚的黄色翻糖片，用它覆盖住蛋糕。将底部的两个长边修剪至与蛋糕底座齐平。在黄色翻糖与铝箔纸相接的地方切一条直线，去掉多余的部分。

16 **制作撕破的包装纸：**在巧克力翻糖端的黄色翻糖上斜切一条不平整的边，小心不要切到巧克力层。切之前在黄色的翻糖下面放一张纸或一张薄纸板，这样就不会切到巧克力层，切完后把纸抽出来。轻轻地把黄色的翻糖折过来，让它看起来就像一块打开的巧克力。

17 是时候享受制作标签的乐趣了！用你喜欢的字体制作一个纸模板，各取一块紫色、白色翻糖擀成薄片，用刻刀刻出字母。建议用两层对比色来刻字母，一层比另一层大一点，这样字母就会被勾勒出来。

现在你可以享受你的蛋糕啦!

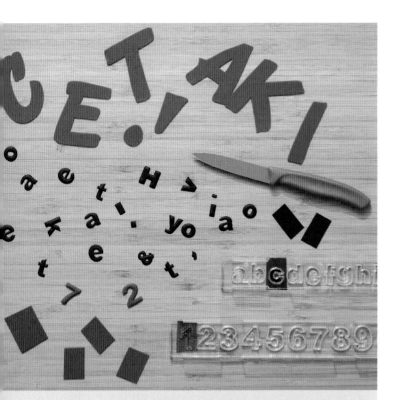

18 添加细节:我做了一个标语,上面写着:"来一块尤氏蛋糕,并且吃了它吧!"(Have yo'cake & eat it too!)使用字母切割器和 9 号圆形裱花嘴分别在黑色翻糖片上刻出这些字母及符号。你可以加上任何你想要的个性化的信息或设计。

19 用管状食用凝胶将翻糖标志和字母粘在蛋糕上。

20 在蛋糕"撕破的包装纸"末端放上皱巴巴的铝箔纸,以达到逼真的效果。

你还可以用圆形刻模在蛋糕上切出一口,露出里面美味的威化夹心。

21 擀一块黄色的翻糖,切出一个粗略的三角形,使之看起来像撕破的包装纸。把紫色的翻糖擀成很薄的片,用字母切割机刻出巧克力块的重量数字(我用了我的生日),用管状食用凝胶把它们粘在撕破的包装纸上,巧妙地把翻糖弄皱。

手 包

在我蛋糕制作生涯的早期，曾制作过一个手包蛋糕，后来这个蛋糕被选进了一本时尚杂志里，第一次看到我的蛋糕作品被印刷出来真是很令人兴奋。当时我没想到多年以后，我会出版一本自己的蛋糕书。

鉴于这段渊源，我必须要把这款手包蛋糕放进本书里。我喜欢手包，尤其是复古手包，它们通常有可爱的衬里，这些衬里我用粉丝绒蛋糕来呈现。

享受时尚设计的乐趣吧！你可以用不同的色彩、图案，甚至拼接细节来设计你的作品。但这个蛋糕还是有一点挑战性的——不要因为做得不是很像而失望。

手 包

进阶蛋糕

 材 料

1¹⁄₂ 份	尤氏粉色丝绒蛋糕糊（见第 24 页）
1/2 份	尤氏意式奶油霜（见第 28 页）
1/2 份	尤氏简易糖浆（见第 32 页）
3600 克	干佩斯
	凝胶状食用色素：柠檬黄色、白色、粉色、蓝绿色和黑色
2 个	大号黄色糖球
	金色亮粉
	食用酒精
	糖粉，擀翻糖用
1150 克	白色翻糖
	植物起酥油
115 克	粉色翻糖
	透明管状食用凝胶

工 具

28 厘米 ×38 厘米的蛋糕模具（7.5 厘米深）

挤压瓶

牙签

锯齿刀

直尺

12 英寸的蛋糕底座

小号弯抹刀

擀面杖：小号木制的、法式的和不粘的

布卷尺

4 支软毛刷（小号、各种形状的）

旋转式翻糖挤泥器，附圆形卡头

翻糖抹平器

间距轮

不粘垫或不粘板

7 号圆形裱花嘴

第一天：准备

1 将烤箱预热到 180℃。蛋糕模具底部铺上一层烘焙纸（具体方法参见第 43 页）。

2 根据配方准备粉丝绒蛋糕糊。将蛋糕糊刮到准备好的模具内，抹平。烤 1 小时 15 分钟，至将一根牙签插入蛋糕中间取出时是干净的。中途可旋转烤盘使其上色均匀。取出后转移到冷却架上，让蛋糕完全冷却。用保鲜膜包严实后，冷藏一夜。

3 根据配方准备意式奶油霜，用保鲜膜盖严实后，冷藏。

4 根据配方准备简易糖浆，冷却至室温后倒入挤压瓶中并冷藏。

5 干佩斯加柠檬黄色食用色素揉均匀，取 4 小份揉成小球，用保鲜膜包紧后放在阴凉干燥处。

6 找到每个小圆球最平的一面，用牙签在中间戳一个小洞，小心别穿过。取一个小碗，金色亮粉加食用酒精调至像颜料一样浓稠。用牙签戳一颗小圆球至碗中，均匀裹满表面，取出后放到干净的盘子里晾干，避免用手触碰小圆球。继续涂抹其他小圆球。多涂抹一些小圆球以防破损。让剩下的涂料在碗里晾干，用来涂抹手包扣。

第二天：制作蛋糕

① 从冰箱取出奶油霜，放至室温回温，需要几个小时。

② 从模具中取出蛋糕，撕掉烘焙纸。把蛋糕放平后，用锯齿刀和直尺修平整。翻转蛋糕，用同样的方法去掉底部焦糊的部分。

④ 把所有的长方形蛋糕放在干净的工作台上，淋上简易糖浆。待糖浆充分浸透后再进行下一步操作。

⑤ 在 12 英寸的蛋糕底座上将蛋糕依次从大到小、从下往上堆叠起来，用小抹刀在每层上抹上意式奶油霜（顶层不涂奶油霜）。冷藏 20~30 分钟，直到奶油霜摸上去很硬。

③ 用直尺和锯齿刀把蛋糕切成五个长方形，每个长方形的长为 28 厘米，宽度分别为：10 厘米、8.5 厘米、7.5 厘米、6 厘米和 2.5 厘米。

⑥ 用锯齿刀把蛋糕修成柔和的圆弧形，前后两面都切成 A 字形。

7 用弯抹刀在蛋糕表面抹上一层意式奶油霜。放入冰箱冷藏 20~30 分钟，直到蛋糕表面摸上去变硬。

8 在蛋糕上再抹一层意式奶油霜，尽量抹光滑。将蛋糕放进冰箱冷藏 20~30 分钟，直到奶油霜摸上去很硬。

9 **用白色翻糖覆盖手包的侧面：**在台面上撒一层糖粉，取两份 115 克白色翻糖分别擀成 0.6 厘米厚的片，盖到手包的两个侧面上，用手指将它们抚平成自然的褶皱。用水果刀修掉底部和顶部多余的翻糖，然后修掉两端多余的翻糖，但留下稍许重叠部分。同时确保你修出的两个翻糖面相同，使手包看起来均匀和对称。

用擀面杖而不是用手来移动大块的翻糖。

10 **用白色翻糖覆盖手包的正面和背面：**测量蛋糕的宽度，从正面的底部开始，越过顶部到背面的底部。擀出一张比需要尺寸稍大一点的白色翻糖片。用法式擀面杖挑起翻糖片，迅速小心地把翻糖盖在蛋糕上，抹平，形成手包的弧线。

11 将多余的翻糖压向蛋糕底部，然后用水果刀修掉多余的翻糖，刀稍微倾斜一点，修至手包每一条边的翻糖都和侧面吻合。

12 测量卡环的尺寸：从蛋糕一个侧面的中心开始，越过蛋糕的顶部，再到另一个侧面的中心。记下长度！

13 准备颜料：取4个小碗，在每个碗里放1/2茶匙的白色食用色素，然后在碗里各自加黄色、粉色、蓝绿色和黑色色素，分别调匀。

在给蛋糕涂颜色之前，要先量好所需的尺寸，因为"颜料"不易干，所以在涂抹之后，你必须非常小心地处理蛋糕，以免颜料弄花蛋糕。

14 现在该画画了！取4支软笔刷，用向下轻点的手法在手包四周随意轻触涂抹上黄色、粉色、蓝绿色、黑色颜料。感受这些图案的乐趣——根据你的设计，你可以尝试任何图案或圆点花纹等。

15 将蛋糕放入冰箱冷藏约1个小时使其变干。记住，颜料不会完全干透，所以一定要小心处理用颜料过的蛋糕。

16 制作手包两侧的细绳：在粉色的翻糖中加入少许起酥油使其变软，然后将翻糖搓成细条。用翻糖挤泥器挤出细绳。用食用凝胶将绳子粘到钱包上，从前面一边的底部开始，向上移动到背部的底部。另一边重复此操作。

18 制作干佩斯卡扣：核对步骤 12 记下的尺寸。在不粘垫上，用不粘擀面杖将黄色干佩斯擀成 0.3 厘米厚、略长于所需长度的条，剪成两条 1.2 厘米宽的带子，用食用凝胶将它们粘在一起。
拿起卡扣，两边与侧面缝线垂直，顶部与蛋糕齐平，用食用凝胶粘好。

干佩斯很容易变干，所以需要快速地操作，这样在你完成前它就不会裂开。如果使用过程中发现干佩斯变干了，只需再加点起酥油揉透后，再进行操作就可以了。

17 添加缝线细节：用间距轮在细绳边的两侧轧出针孔，使手包看起来像用线缝在一起似的。

19 用水果刀修剪卡扣的两端，使它们在手包两侧的距离相等。把卡扣按进蛋糕里，用 7 号圆形裱花嘴在卡扣的前后两端各压一个凹痕出来。

我还有一个西瓜手包，这是沃尔特送给我的礼物！

20 现在给卡扣上色。在剩下的金色亮粉碗中再加入一些食用酒精，用干净的刷子给卡扣涂上金色的颜料。直接在蛋糕上画细节很棘手，慢慢画即可。等颜料干燥后再继续下一步，根据颜料的厚度约需 30 分钟。

如果食用酒精加多了，涂料太稀，可以加更多的金色亮粉来增加稠度，或者等酒精挥发掉一部分。

21 **加上两个小圆球：**在卡扣顶部插入两根牙签，每根牙签稍微偏离中心一点，一根在"前卡扣"上，一根在"后卡扣"上。留 1.2 厘米长度的牙签在外面，将之前做好的小圆球固定在牙签上。现在你的蛋糕可以在晚宴上登场了！

高阶蛋糕

3

如果做蛋糕能做到这一阶段，你已经可以说是这方面的专家了，应该庆祝一下你在做蛋糕方面取得的了不起的成就。在最后这章中，你将挑战需要更多时间、耐心和技能的高级项目。所有这些都将帮助你练习新的技能，如学习修剪干净利落的边缘，雕刻更复杂的形状。你还将学到更多的使用干佩斯和翻糖的细节。这些蛋糕看起来可能很简单，但每一个都展示了一些新的技巧或手法，这些将会使你更上一层楼。

现在你已经是一个蛋糕大师了，我希望你能发挥创造力，享受乐趣，在蛋糕上设计一些点缀，使之成为独一无二的作品。

经过近 20 年的蛋糕实践，当我看到每一个点缀都与蛋糕完美结合时，仍会感到非常的自豪和满足。看到一堆配料变成了一个不可思议的蛋糕，将之与我所爱的人分享，与我在世界各地的粉丝分享，总是让人惊奇！我喜欢这个神奇的过程，我知道你也会喜欢的。

所以，开启蛋糕的极致之旅吧。

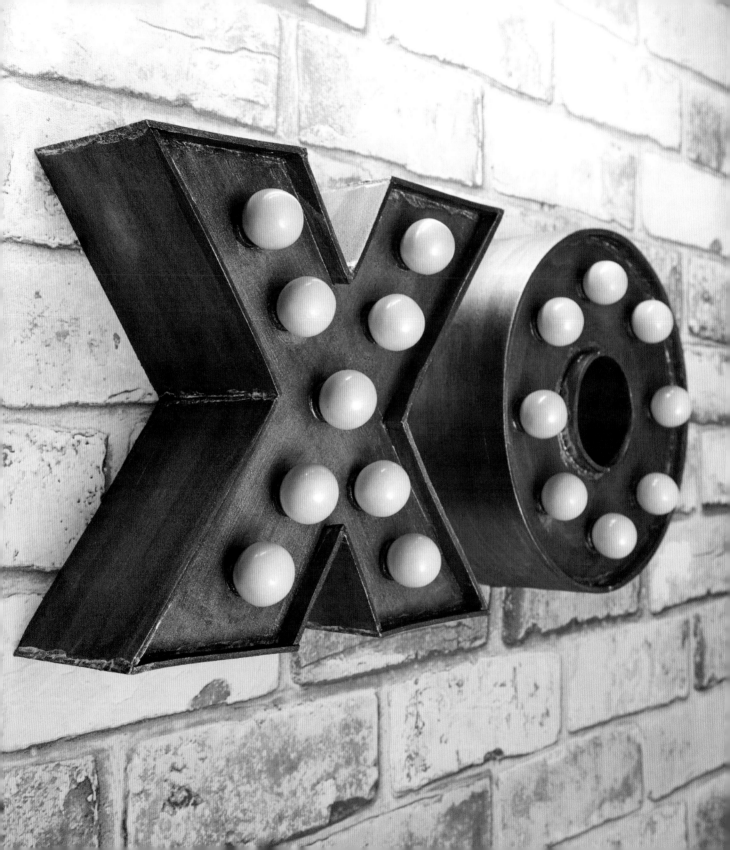

招牌字母蛋糕

　　我对字体和排版很着迷，这几乎和我对直尺和蛋糕书的热爱不相上下。这么多年以来，每当我看到邮票、贴纸或我所爱之人的姓名首字母的剪纸时，我都会把它买下来，所以你可以想象得到我的收藏有多丰富。想找个木制的 Y 字挂在墙上吗？你的手作上需要一个 G 标签吗？我太懂你们了。

　　因此，为了纪念我对字体的痴迷，同时也为了回应一直提议我教他们做字母蛋糕的粉丝们，我决定向大家介绍这款 XO 招牌字母蛋糕的制作方法。它像真的金属一样闪闪发光，上面点缀着糖球做的"灯"。最初我打算做一个 Y 字母蛋糕，但制作 XO 字母可以学习到如何使用直边字母和圆形字母，可以掌握制作任何字母所需的技巧。如果你想给任何人一个可食用的拥抱和亲吻的话，可以考虑我的这款 XO 招牌字母蛋糕！

招牌字母蛋糕

高阶蛋糕

 工 具

18 厘米 ×28 厘米蛋糕模具（7.5 厘米深）

8 英寸圆形蛋糕模具（7.5 厘米深）

橡皮刮刀

挤压瓶

锯齿刀（大号和小号）

直尺和卷尺

7 英寸圆形蛋糕模具（仅供模板使用）

直径 7 厘米的圆形切割器

2 个 25 厘米见方的方形蛋糕底托

小号弯抹刀和直抹刀

擀面杖（木制、法式和小号防粘型）

2 块 25 厘米见方的方形蛋糕盘

翻糖抹平器

圆形裱花嘴：805 号和 809 号

软笔刷

水果刀

材 料

2 份	尤氏香草蛋糕糊（见第 22 页）
	凝胶食用色素：柠檬黄和粉色
1/2 份	尤氏意式奶油霜（见第 28 页）
1 份	尤氏简易糖浆（见第 32 页）
910 克	白色翻糖
70 克	黑色翻糖
	擀翻糖用的糖粉
$2\frac{1}{2}$ 茶匙	CMC 粉
2 袋（2.5 克装）	银色亮粉
1 袋（2.5 克装）	黑色亮粉
	食用酒精
17 个（直径为 2.5 厘米）	白色糖球
	透明食用凝胶

第一天：准备

1 烤箱预热到 180℃。在长方形和圆形蛋糕模具上铺上烘焙纸（具体方法参见第 43 页）。

2 根据配方准备香草蛋糕糊。把蛋糕糊分成两份，一份用柠檬黄食用色素染成黄色，搅拌至完全混合；另一份用粉色食用色素染成粉色。用橡皮刮刀将两种颜色的蛋糕糊交替刮入蛋糕模具中，半份满即可，轻磕模具表面使蛋糕糊平整，不要用刮刀搅拌，让两种蛋糕糊自然地在一起烘烤。烤 1 小时 15 分钟或者烤到中间插根牙签抽出时干净为止，中途调转模具的方向。烤好后将模具取出放在冷却架上，待完全冷却后用保鲜膜包严实，放冰箱里冷藏一夜。

3 根据配方准备意式奶油霜，装碗，用保鲜膜包严实后冷藏。

4 根据配方准备简易糖浆，冷却至室温后装入挤压瓶中并冷藏。

5 将白色翻糖和黑色翻糖揉在一起，调成灰色翻糖，揉至颜色均匀。用保鲜膜包紧，放在阴凉干燥的地方。

第二天：制作蛋糕

1 从冰箱取出奶油霜，回温到室温，需要几个小时。

2 从模具中取出蛋糕，揭掉烘焙纸。把蛋糕放平，用锯齿刀和直尺把表面修平整。将蛋糕翻转过来，用同样的方法去掉蛋糕底部烤焦的部分。取一个 7 英寸的圆形蛋糕模具倒扣在圆形蛋糕上，用锯齿刀沿着模具的边缘切去蛋糕两边的焦化部分。

3 用锯齿刀和直尺把两个蛋糕分别切分成两层，总计四层蛋糕。

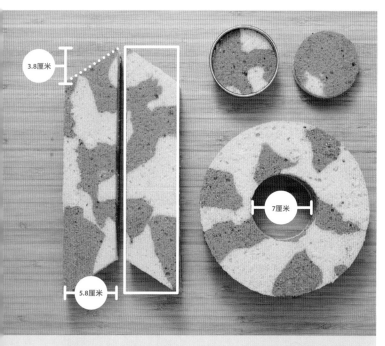

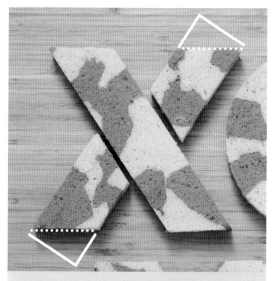

6 以 45 度角摆放一块蛋糕条，将另一块蛋糕切成两半，以 45 度角放在第一块蛋糕上，形成一个 X 形。修剪第二块蛋糕的长度，使它与第一块蛋糕的上下端对齐。

4 **字母 O 的制作：**用直径为 7 厘米的圆形切割器分别在两个圆形蛋糕的中心挖一个洞，一次只切一个。确保两块蛋糕上的洞对齐。

5 **字母 X 的制作：**将两个长方形蛋糕层堆叠在一起，用直尺和锯齿刀去掉长边的焦化部分后，切出 5.8 厘米宽、28 厘米长的两条蛋糕（叠在一起的），避免两侧有烤焦部分。把蛋糕窄的一端放在靠近你的一侧，从右上角往下量 3.8 厘米，做标记，从左上角斜切到这个标记，形成一个有角度的末端。在这条蛋糕的另一端以平行的方式切割相同的角度。将两条蛋糕叠在一起，重复上面的步骤，从相反的方向切成不同的角度。当两个堆叠的蛋糕并排排列时（如图所示），它们应该互为镜像。

7 将蛋糕层分开，淋上简易糖浆，等糖浆完全浸透蛋糕后，再继续下一步操作。

8 用小抹刀在蛋糕底托上抹一些意式奶油霜，然后叠上另一层蛋糕层，抹上意式奶油霜。放入冰箱冷藏 20~30 分钟，直到奶油霜摸上去变硬。

9 用弯抹刀和直抹刀在两个蛋糕表面抹上一层厚厚的意式奶油霜，放入冰箱冷藏 20~30 分钟，直到表面摸上去变硬。

为了得到尖锐的边缘和角，我喜欢用弯抹刀。

10 在蛋糕表面再涂一层意式奶油霜，确保蛋糕平整，边缘清晰。放入冰箱冷藏 20~30 分钟，直到奶油摸上去很硬。

11 为了形成锐利边角，将蛋糕进行最后一次冷却，放入冰箱冷藏 20~30 分钟，直到奶油摸上去很硬。

一定要确保蛋糕的一面粘在蛋糕底托上。

12 用翻糖覆盖每个蛋糕的平面：测量 O 字形的宽度，在工作台面上撒一层糖粉，用擀面杖将灰色翻糖擀成 0.3 厘米厚的薄片，大小略大于字母 O。用法式擀面杖挑起翻糖，迅速小心地覆盖到蛋糕上。翻转蛋糕，用水果刀沿着 O 的底部和 O 的中间圆圈部分切掉多余的翻糖。重复上述步骤，在另一面覆盖上翻糖片。

13 重复这个过程，用灰色翻糖覆盖、修剪 X 形蛋糕的平面。

14 在每个蛋糕上放一个蛋糕底托，将蛋糕翻转过来，取掉蛋糕底托。

15 覆盖 O 形蛋糕的侧面：将 CMC 粉揉进剩余的灰色翻糖中，用卷尺测量蛋糕的周长和高度，将翻糖擀成 0.3 厘米厚的长条，长度比蛋糕的周长稍长，宽度比蛋糕的高度大 2.5 厘米。修剪这条带子，使它的长度与蛋糕周长完全吻合，宽度比蛋糕的高度大 1.2 厘米。小心地拿起带子，把它绕在蛋糕侧面，确保底部边缘与蛋糕底盘平齐。用翻糖抹平器将其抹光滑，用直尺和水果刀在翻糖两端的接口处切出一条整齐的缝，然后去掉多余的部分。保留高出蛋糕上方 1.2 厘米的部分。

16 覆盖 O 字的中间部分：首先测量其内部的周长，再擀出一个 0.3 厘米厚，宽度比蛋糕高度宽 2.5 厘米的长条形翻糖，然后切成比蛋糕高度大 1.2 厘米的翻糖长条。把翻糖长条卷起来，放进 O 形蛋糕的中心，然后沿着蛋糕的侧面铺开，用不粘擀面杖修光滑。将水果刀垂直向下切割接缝处。

17 取一小块灰色翻糖擀成 0.3 厘米厚的片，用 805 号和 809 号圆形裱花嘴切割出 17 个圆圈，这些圆圈将成为灯泡的插座。

18 覆盖 X 的侧面：将一块灰色翻糖擀至 0.3 厘米厚，然后切成几条宽度比蛋糕高度大 1.2 厘米的长条，围绕着 X 一点一点开始粘贴。先把长条修剪成合适的长度，从 X 顶部和底部的小 "V" 开始覆盖，确保翻糖片的底边与蛋糕底边以及 "V" 的内角齐平。翻糖长条的长度最好比需要覆盖的部分长一些，后面可以修剪掉。继续用翻糖长条盖住蛋糕的其余部分，用翻糖抹平器把蛋糕抹光滑，用水果刀切掉多余的部分，但一定要保留高出蛋糕 1.2 厘米部分。注意修剪多余的翻糖时，一定要将刀刃紧贴蛋糕，并且用刀的中间而不是刀尖。

19 在给蛋糕上色之前，先标出灯的位置。对于 O，沿着顺时针方向，用牙签标记 8 个等间距的点。对于 X，用牙签在中间标记，然后在每条"腿"上标记两个等距的点，总共 9 个标记点。

21 为了突出焊接金属的焊缝，用画笔沿着焊缝轻拍一些较稠的颜料。

20 取一个小碗，将银色和黑色亮粉用食用酒精溶解，每次加入一点酒精，直到得到像涂料一样的稠度。用一个软笔刷刷到每个蛋糕的整个表面，包括顶部、侧面和边缘。确保在刷色时总是沿着同一个方向刷，这样能营造出一个风化了的金属外观。

22 安装字幕灯：将用翻糖做的圆圈用食用凝胶粘到用牙签做的标记位置。在每个圆圈的中心涂一点食用凝胶，然后在上面放一颗白色糖球。把这款蛋糕送给你爱的人，看看他们惊喜的样子吧！

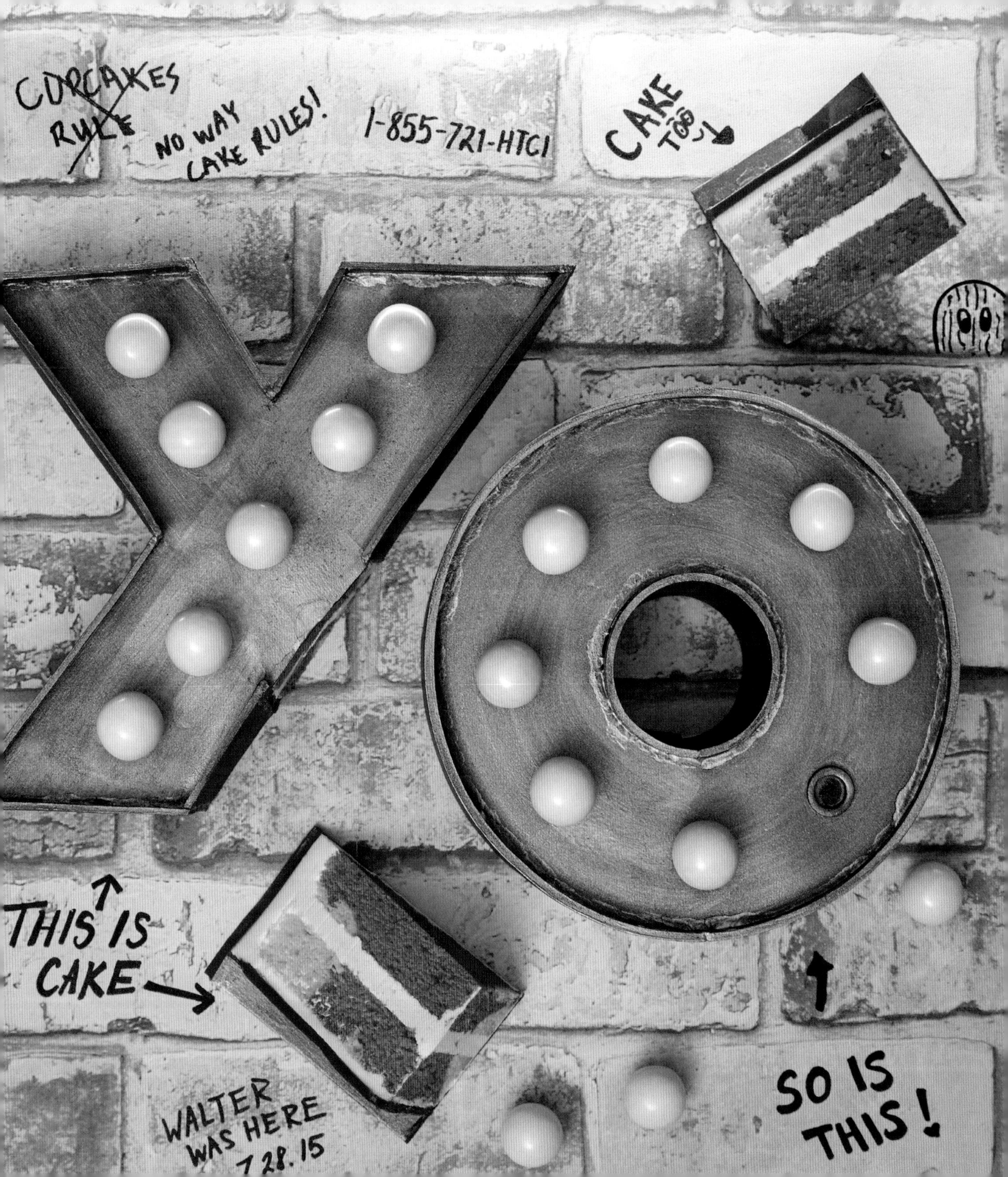
CUPCAKES RULE
NO WAY CAKE RULES!
1-855-721-HTCI
CAKE TOO
THIS IS CAKE
SO IS THIS!
WALTER WAS HERE 7.28.15

礼 盒

有时候外表是具有迷惑性的。就像那些想要尝试重现碧昂斯视频的人，他们会知道，穿着高跟鞋跳舞并不像看上去的那么轻松。

跳舞和做蛋糕一样，是一种艺术形式，虽然很有趣，但常常需要花费很多耐心和无数次练习才行。有人疑惑为什么一个"简单"的礼盒蛋糕会是3级难度，学习完这章你就会知道如何把蛋糕做得方方正正，很像是学习怎样能穿着6英寸高的高跟鞋还能轻松地旋转一样。

这款蛋糕将帮助你完善蛋糕包面和抹面技能。这些技术在制作蛋糕时经常会用到，抹面的好坏会直接影响蛋糕的外观，特别是那些需要多次抹面的蛋糕。为了让你的礼盒蛋糕看起来更像一个真正的礼盒，所以糖衣不能弯曲，这就需要多加练习。做这个蛋糕的乐趣在于它的无穷变化——每次制作的时候，你都可以在练习技能的同时创作不同的尺寸、颜色和图案。现在请鼓足干劲，准备升级你的蛋糕游戏吧！

10~15 人份

礼 盒

3

高阶蛋糕

材 料

1¹/₂ 份	尤氏巧克力蛋糕糊（见第 20 页）
1 份	尤氏意式奶油霜（见第 28 页）
	凝胶食用色素：柠檬黄、粉色、皇家紫色和蓝绿色
1 份	尤氏简易糖浆（见第 32 页）
140 克	干佩斯
	糖粉，擀翻糖用
1360 克	白色翻糖
	透明食用凝胶
170 克	黑色翻糖
1/2 份	尤氏蛋白糖霜（见第 36 页）
	植物起酥油
	可食用记号笔

⚒ 工 具

30 厘米见方的方形蛋糕模具（7.5 厘米深）

挤压瓶

不粘垫或不粘板

擀面杖：小型不粘的和木制的

直尺和卷尺

圆形裱花嘴：803 号和 807 号

锯齿刀

25 厘米见方的方形蛋糕底托

抹刀，小号弯抹刀、小号直抹刀

刮板

翻糖抹平器

水果刀

三角板（直角）

4 块 25 厘米见方的方形蛋糕底托

软笔刷

纸和创建模板的工具

大头针

第一天：准备

① 烤箱预热到 180℃。将 30 厘米见方的方形蛋糕模具铺上烘焙纸。（具体方法参见第 43 页）。

② 根据配方准备巧克力蛋糕糊。将蛋糕糊刮到备好的模具中，刮平，烤 1 个小时，或者将一根牙签插在中间取出时是干净的即可。中途可旋转模具使其上色均匀。取出后放在冷却架上，完全冷却后，用保鲜膜包严，冷藏一夜。

③ 根据配方准备意式奶油霜。将奶油霜分成 4 份，其中 3 份分别加柠檬黄、粉色、紫色可食用色素染色，另一份不着色。用保鲜膜将碗盖严，冷藏。

> 因为这款蛋糕的外部是黑白相间的，所以蛋糕里面任何颜色都很好看，用你最喜欢的颜色吧！

④ 根据配方准备简易糖浆，待其冷却至室温后，倒入挤压瓶中并冷藏。

⑤ 取 110 克干佩斯加 1/8 茶匙蓝绿色食用色素调成明亮的蓝绿色。在不粘板上，用不粘型擀面杖将一半的蓝绿色干佩斯擀成 0.2 厘米厚的薄片。剩余的蓝绿色干佩斯用保鲜膜紧紧包裹起来，放在阴凉干燥的地方。

⑥ **制作弓形环：**用水果刀和直尺将擀好的干佩斯切成两段，每段宽 2.5 厘米、长 18 厘米。把干佩斯条像丝带一样折成环形，用少量水将两端粘在一起，接口处捏在一起。可以额外多做几个圈，以防其中一个坏掉。放置一夜晾干。

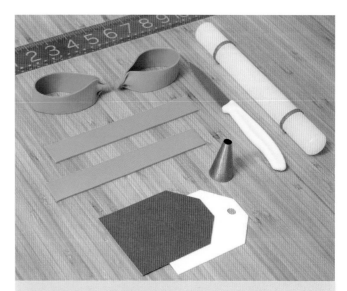

⑦ **制作礼品标签：**将剩余的白色干佩斯擀薄（尽可能薄）。用模板或礼品标签作为参照，剪出一个标签形状。用803号裱花嘴在标签顶部挖一个洞。放置一夜晾干。

第二天：制作蛋糕

1 从冰箱取出奶油霜，回温至室温，需要几个小时。

2 把蛋糕从烤盘里拿出来，揭掉烘焙纸，放在一边，用锯齿刀和直尺把它们修平。

3 用直尺在蛋糕的四条边上标出中点，根据这些记号用锯齿刀将蛋糕分成 4 等份。

4 把这四块蛋糕放在干净的工作台上，淋上简易糖浆，等糖浆充分浸透后再继续下一步。

5 用弯抹刀在 3 片蛋糕上分别抹上黄色、粉色、紫色奶油霜（每片蛋糕一种颜色），叠放起来，最后放上未抹奶油霜的那层蛋糕。

6 测量蛋糕四周的高度，确保蛋糕是平的。如果不是很平整，用直尺和锯齿刀把它修平。

7 用抹刀在蛋糕表面抹上一层未染色的意式奶油霜，放入冰箱冷藏 20~30 分钟，直到表面摸上去变硬。

8 用直抹刀在蛋糕上再抹一层意式奶油霜，尽量抹光滑（留一点奶油霜，后面润色时会用到）。方形的蛋糕抹面有难度，如果抹面并不完美，也不要气馁，花点时间去塑造你的蛋糕棱角，直到满意为止。把蛋糕放入冰箱里冷藏 20~30 分钟，直到奶油摸上去很硬。

用刮板协助抹面可以使侧面平滑和棱角锋利。

9 测量蛋糕四面的宽度和高度。在工作台上撒上糖粉，将白色翻糖擀成比蛋糕侧面略宽且略高的厚度为 0.6 厘米的薄片（4 片）。把它们修剪到蛋糕侧面的准确高度。

10 取两块白色翻糖片分别粘在蛋糕相对的两个面，用翻糖抹平器抹光滑。用水果刀把多余的翻糖削掉，慢慢向下切的时候，使刀刃和蛋糕的一面保持平齐。重复这一步骤，用翻糖片覆盖蛋糕的另外两个面。

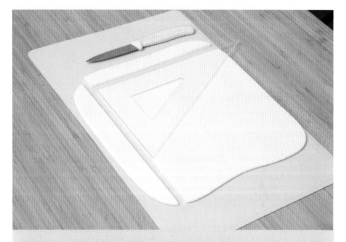

11 将白色翻糖揉在一起，擀成 0.6 厘米厚，比蛋糕顶部略大的薄片。用三角板将翻糖片的一个角切出一个完美直角。

12 当四个面都被翻糖覆盖时，某些部位的翻糖可能仍比蛋糕高。在上面填上无色的奶油霜，使顶部变平整。

13 将白色翻糖片放在蛋糕顶面，让切好的那个直角对齐蛋糕的一个角，两条边与蛋糕的两条边对齐。

14 **修掉蛋糕两边多余的翻糖：**在蛋糕上放一块25厘米见方的方形蛋糕底托。一只手放在上层蛋糕底托的上面，另一只手放在下层蛋糕托的下面，紧紧握住蛋糕，但不要挤压它，迅速把蛋糕翻转过来。取下上面的蛋糕底托，用刀抵住蛋糕的侧面，切掉蛋糕底部多余的翻糖，再把蛋糕翻转过来。

15 **制作盖子的边：**再擀一块0.2厘米厚、20厘米见方的白色翻糖。把它切成四个长方形的长条，每条宽约4.5厘米。在两个翻糖长条的背面刷上食用凝胶，轻轻地把它粘在蛋糕相对的两边底部，与蛋糕底托齐平，并抹平，修剪至与蛋糕的两侧对齐。粘上另外两条边，并修剪掉多余的部分。

16 **做盖子的边缘图案：**将一块黑色的翻糖擀得尽可能薄，切割出比盖子略长、0.4厘米宽的长条。从盖子的一侧开始操作，用可食用凝胶涂抹两个长条，分别粘到盖子的顶部和底部，修剪掉两端多余的翻糖。在盖子的其余三侧重复这个操作。把蛋糕翻转过来。

17 将0.4厘米宽的黑色翻糖切成8段，每段的长度要大于盖子的边缘线。在盖子每个角的两边垂直地粘上一条，盖住边缘条。在长条和短条重叠的部分，模仿相框斜角的做法沿对角线切割。

18 用四个黑色的长条将盖子顶部的边缘补齐，让它们与四个角重叠，然后像画框一样沿对角线进行切割。

19 如果对角的接缝非常明显，可以用一层薄薄的尤氏蛋白糖霜来掩盖它们。这个蛋糕是白色的，不用担心颜色的搭配！

20 是时候设计圆点包装纸了。尽可能薄地擀出一块黑色翻糖，然后用 807 号圆形裱花嘴切割出圆形的波点。

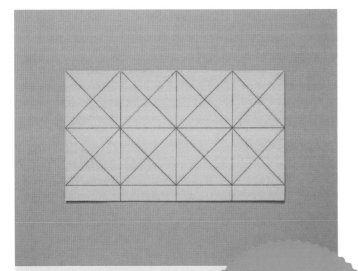

21 为了获得完美的圆点图案，可以先做一个网格模板。测量蛋糕一面（不包括盖子）的宽度和高度。把一张纸剪成相同大小，将纸的长边分成四列，测量每列的宽度，按照宽度，从短边的顶部开始向底部做标记，在标记处画水平线以创建行，最后一行高度可以不相等。在模板上画网格线。

相信我，数学不是我最喜欢的科目。如果你觉得这种波点模式具有挑战性，可以跳过模板这一步，徒手粘上你喜欢的波点即可。毕竟，礼品盒有很多种不同的风格！

22 将纸模板放在蛋糕的侧面，最窄的一行位于蛋糕的底部。用大头针在纸板上每个正方形的中心处戳上标记，深度能到达里面的翻糖。拿掉模板，用透明食用凝胶将黑色圆点粘到标记处（除了最中间那条线上的标记处，那是留给干佩斯丝带的位置）。重复装饰蛋糕的其余 3 个面，修整边缘的点，使它们看起来像包裹在礼盒的角落。

23 与翻糖不一样，干佩斯干得很快，所以建议一次只擀两条。如果在制作的过程中干佩斯开裂，那就加植物起酥油重新揉一遍。从蛋糕一面的底部开始测量，经过盖子的边缘到蛋糕顶部的中间位置。取一些蓝绿色干佩斯擀得尽可能薄，擀成 5 厘米宽，比测量长度长一点的长条，快速地切割成两条 2.5 厘米宽的带子。涂上食用凝胶，将一条带子从底部的中间位置经过盖子一直绑到顶部的中心。在相反的一面重复上述操作，然后修剪掉在中心重叠的带子。

25 制作蝴蝶结的尾部：取蓝绿色干佩斯擀薄，剪出比边带宽 2.5 厘米、短 5 厘米的两条带子。在带子的一端沿对角线切出斜角。捏住两条带子直的一端，用可食用凝胶将带子粘在蛋糕顶部的中心位置。在带子上捏出轻微的波浪状，并用可食用凝胶把它们粘在蛋糕上。

26 再擀一些蓝绿色的干佩斯薄片，切割出一个和弓形环一样宽的带子。把它包在弓形环连接的地方，使之看起来就像蝴蝶结的中心，然后把它取下来，修剪成合适的形状，用尤氏蛋白糖霜把它粘到蝴蝶结上。

27 在礼物的标签上用可食用记号笔写一句话。取一小块剩余的蓝绿色干佩斯，用指尖搓成细绳。将细绳穿过标签上的孔，并将两端捏紧。把标签系在礼物上，将绳子的尾巴塞到蝴蝶结下面。没有人会对这个礼物失望的！

24 以同样的方法再擀出两条带子，并将它们粘到蛋糕另外的两侧。修剪它们在中间相交的部分，用捏弓形环的方法捏住两端。

工具箱

我们的生活中会有一些心灵手巧的人，当有东西坏了的时候，他都会修好。这个蛋糕是为那个人或是为生活中那些喜欢使用工具和制作东西的人准备的。我爸爸对木工很感兴趣，他会用他的工具做各种各样的东西。他有很多工具，都装在一个大大的工具箱里。

这个蛋糕看起来很简单，但会为你提供很多练习各种技巧的机会，以及学习一些新的技能。这个蛋糕的主体——干净、直的边线，将帮助你掌握抹面技术，而制作锁头则提供了练习制作干佩斯配饰的好机会。你会喜欢用模具和颜料来制作所有的工具。使用巧克力模具来塑形干佩斯是一个很好的方法，可以轻松地雕刻和创作精细的配饰。如果你已准备好开始练习你的蛋糕技能，那么这个蛋糕提供了所有的机会！

20~24 人份

工具箱

3

高阶蛋糕

 材 料

3 份	尤氏椰子蛋糕糊（见第 26 页）
1 份	尤氏瑞士巧克力奶油霜（见第 30 页）
1 份	尤氏意式奶油霜（见第 28 页）
2 份	尤氏简易糖浆（见第 32 页）
450 克	干佩斯
30 克	黑色翻糖
	凝胶状金黄色食用色素
	植物起酥油
	透明可食用凝胶
	糖粉，擀翻糖用
1590 克	蓝色翻糖
	亮粉：银色和亚光黑色
30 克	红色翻糖
	生意大利面

⚒ 工 具

2 个 28 厘米 ×38 厘米蛋糕模具（7.5 厘米深）
挤压瓶
不粘垫或不粘板
擀面杖（木制的、法式和小号防粘型）
旋转式翻糖挤泥器，附小号圆口、六角面卡头
工具形状巧克力模具
纹理和骨骼雕刻工具
15 厘米长的棒棒糖棒
圆形裱花嘴：8 号和 809 号
软笔刷
锯齿刀
直尺和布卷尺
46 厘米见方的方形蛋糕底托，剪成 38 厘米 ×46 厘米
抹刀，小号弯抹刀、大号弯抹刀、大号直抹刀
翻糖抹平器
泡沫板

第一天：准备

1 烤箱预热到 180℃。在蛋糕模具底部铺上一层烘焙纸（具体方法参见第 43 页）。

2 根据配方准备椰子蛋糕糊。将蛋糕糊刮到准备好的模具内，抹平。烤 1 小时 10 分钟，或者将一根牙签插入中间取出时是干净的即可。中途可旋转烤盘使其上色均匀。取出后放在冷却架上，让蛋糕完全冷却。用保鲜膜包严实，放冰箱冷藏一夜。

3 根据食谱准备两种奶油霜。用保鲜膜将两个碗盖紧，冷藏。

4 根据配方准备简易糖浆。待其冷却至室温后，倒入挤压瓶中并冷藏。

5 **给干佩斯上色：** 取 340 克干佩斯和黑色翻糖混合，揉在一起，调成漂亮的灰色。将剩余的干佩斯加金黄色的食用色素揉匀。

> 我经常用翻糖而不是食用色素来给干佩斯上色，因为这样更容易揉匀，且不会弄脏手和工作台。

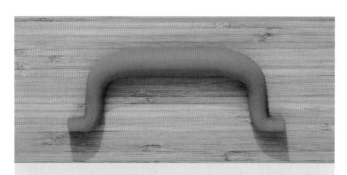

6 制作工具箱顶部的手柄：如果在使用干佩斯的时候变干了，加一点植物起酥油揉一揉然后重新开始。取 85 克灰色干佩斯搓成 1.6 厘米粗，中间粗两端略细的圆条。将圆条的两端向下弯曲，然后再向相反的方向弯曲。用水果刀稍微切割两端，留下 2 厘米长，放在一边，平放一整夜晾干。

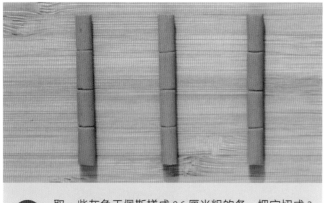

7 取一些灰色干佩斯搓成 0.6 厘米粗的条，把它切成 3 段约 6 厘米长的段。用水果刀在小段上轻轻划上凹痕，不要切断。放在一旁晾干，作为铰链。

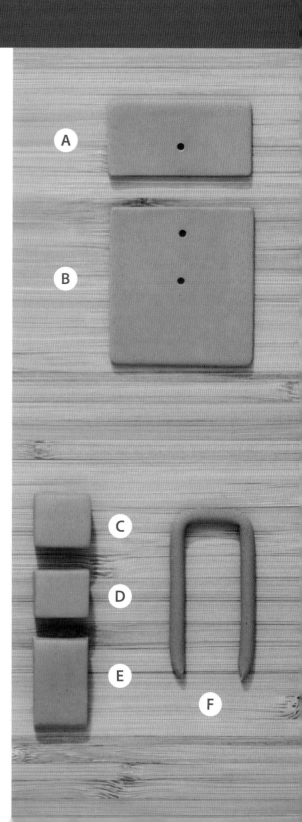

8 制作锁扣，需要6个零部件。在不粘垫上，用不粘擀面杖将灰色干佩斯擀成0.2厘米厚、3厘米×6厘米的长方形。切成两块：一块尺寸为2.5厘米×1.5厘米（A），作为锁扣的底座；另一块尺寸为2.5厘米×3.8厘米（B），作为粘在工具箱上的底座。

9 再取一块灰色干佩斯，擀成1.2厘米厚的长条，切割成1.6厘米宽、6.4厘米长的条。从长条上剪下两个1.6厘米见方的正方形块（C和D），剩下一个更长的矩形（E）——这些将做成锁扣上的三个扣子。用小擀面杖将长方形（E）的一个末端擀薄，然后用水果刀修割整齐，使之与两个正方形的宽度相同。

10 取一块灰色干佩斯搓成细条，放入装有圆口卡头的翻糖挤泥器中。将挤压好的绳子绕在顶部的三个锁扣上，并修剪两端，使其看起来像在终点进入底部的矩形。稍微晾干30分钟左右，保持形状不变。小心地取下扣环（F），把它和所有的零部件放在一边，需几个小时，让其变硬。

11 将牙签的一端切掉1.2厘米，然后轻轻地将牙签插入三个干佩斯块（C，D，E）背面的一半深度，在每一块上戳一个洞用作标记，这些标记用于对齐底板（A和B）。从顶部的干佩斯C开始，将牙签尖端向外插入标记处。然后将C放在锁板（A）的底部正中间，两块干佩斯底线对齐，轻轻按压，用牙签在A上做一个标记。将干佩斯C的顶部再与大锁板（B）的顶部对齐，轻轻按压，用牙签留下另一个标记。

12 将干佩斯C中的牙签取出，尖端向外，插入干佩斯E的背面中间位置，将干佩斯C放在干佩斯E上方，整体移动到干佩斯B上，用牙签在干佩斯B上轻轻留下一个标记。把所有的卡扣分开放在一边晾干。

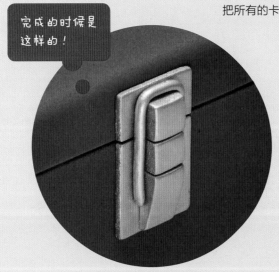

完成的时候是这样的！

内六角扳手有各种不同的大小。

尖端

内六角扳手

螺丝刀杆

活扳手

刀柄底座

螺丝刀手柄

钳子

当我制作这些没有模具的物品时，我喜欢将实物放在旁边作为参考。找来真实的工具放在手边吧！

13 制作工具：在巧克力模具上刷一层薄薄的植物起酥油，取一块灰色干佩斯搓成一根细条。用指尖轻轻将干佩斯按压进模具，填充成形。如果你在模具里放了太多的干佩斯，不要担心，后面会有机会修剪掉多余的部分。用同样方法制作其他工具。将模具翻过来，检查里面是否有气泡，如果有，按压干佩斯将气泡排出，若有需要，可以在模具里再加点干佩斯。待模具填充完毕，放置 10 分钟，让干佩斯定形。

14 在水果刀上擦一点起酥油，刮掉模具上多余的干佩斯，使干佩斯和模具的表面齐平。花点时间整理一下切口：在指尖上涂一些起酥油，将模具表面抹光滑。让干佩斯在模具中定形 30 分钟，然后把模具翻转过来，轻轻地将工具敲到干净的工作台上。再用一把刀把边缘修整齐，放在一边晾干。

15 制作内六角扳手：在 60 克灰色干佩斯中加入少许起酥油，揉均匀，使其变软。取一块干佩斯搓成长条，放入装有六角面卡头的翻糖挤泥器中挤压成形。修剪掉两个锋利的末端，在其中一端附近以直角弯曲，放在一边晾干。

16 制作螺丝刀手柄：把黄色的干佩斯搓成一根粗条，一端稍微粗一点，并搓光滑。把它修成约 10 厘米长。在工作台上，从切割端往下约 2.5 厘米的位置用纹理工具压出凹痕。转动长条，在四个侧面都压出凹槽。用棒棒糖棒在手柄的切割端中心处戳一个手柄一半长度的洞，取出棒棒糖棒。

17 制作螺丝刀柄底座：擀一块厚约 0.6 厘米的灰色干佩斯。用 809 号裱花嘴刻出一个圆，然后用 8 号裱花嘴从中间刻出一个更小的圆，做成垫圈的形状。

18 制作螺丝刀杆：将食用凝胶刷在棒棒糖棒上，卷起一块 10 厘米长的灰色干佩斯，一端的干佩斯略高于糖棒。顺长切出一条整齐的缝，去掉多余的干佩斯，在工作台上滚搓，使干佩斯光滑。用手指压平一端高出来的干佩斯，切成平头螺丝刀的形状。将另一端多余的干佩斯修剪掉，留 5 厘米长的棒棒糖棒露在外面（这将插入手柄）。把所有的零件放在一边晾干。

19 剩下的灰色干佩斯，用保鲜膜包裹住，放在阴凉干燥处备用。

第二天：制作蛋糕

1 从冰箱取出两种奶油霜，放室内回温，需要几个小时。

2 从模具里取出蛋糕，撕掉烘焙纸。把蛋糕放平，用锯齿刀和直尺修平。翻转蛋糕，用同样的方法将底部及两边烤焦的部分去掉。用锯齿刀将蛋糕切分成4块14厘米×38厘米的蛋糕。

3 将4块蛋糕放在干净的工作台上，淋上简易糖浆。待糖浆充分浸透后，再进行下一步操作。

4 用抹刀在3块蛋糕上分别抹上巧克力奶油霜，取38厘米×46厘米的蛋糕底托，在上面一层层堆叠上蛋糕，最后放上一块未抹奶油霜的蛋糕。放到冰箱里冷却20~30分钟，直到奶油摸上去很硬。

5 **开始工具箱的塑形：** 在蛋糕顶面距长边约2.5厘米的位置划一条浅线做标记。在长边的两个侧面，距底部12厘米处做一个标记。用锯齿刀以45度角从顶部的线向下切到侧面的线。在蛋糕的另一面重复同样的步骤。

6 用直抹刀在蛋糕上涂上意式奶油霜。放入冰箱冷藏20~30分钟，直到蛋糕表面摸上去变硬。

7 在抹面上再涂一层意式奶油霜，并将表面涂抹光滑，再放回冰箱冷藏 20~30 分钟，直到奶油变硬即可。

8 测量蛋糕的长度，从蛋糕长边的底部开始，向上绕过顶部再到另一面的底边。在工作台上撒上糖粉，用木擀面杖将蓝色翻糖擀成 0.3 厘米厚，略大于测量尺寸的长方形。用法式擀面杖挑起翻糖片，迅速仔细地盖在蛋糕上。用翻糖抹平器将其抹平整，并整出每条边的角度。用水果刀紧贴着蛋糕的面将多余的翻糖从蛋糕的底部和侧面削掉。

9 测量蛋糕两端的高度和宽度。把蓝色翻糖的碎片揉在一起，擀成两块厚 0.3 厘米，略大于两个侧面的薄片。修平工具箱底部多余的翻糖，使每一侧都成为完美的直边。取一块翻糖对准蛋糕的一侧，直边与蛋糕底托齐平，用翻糖抹平器将表面抹平。用水果刀修剪掉顶部和侧面多余的翻糖。使用同样的方法完成另一侧。

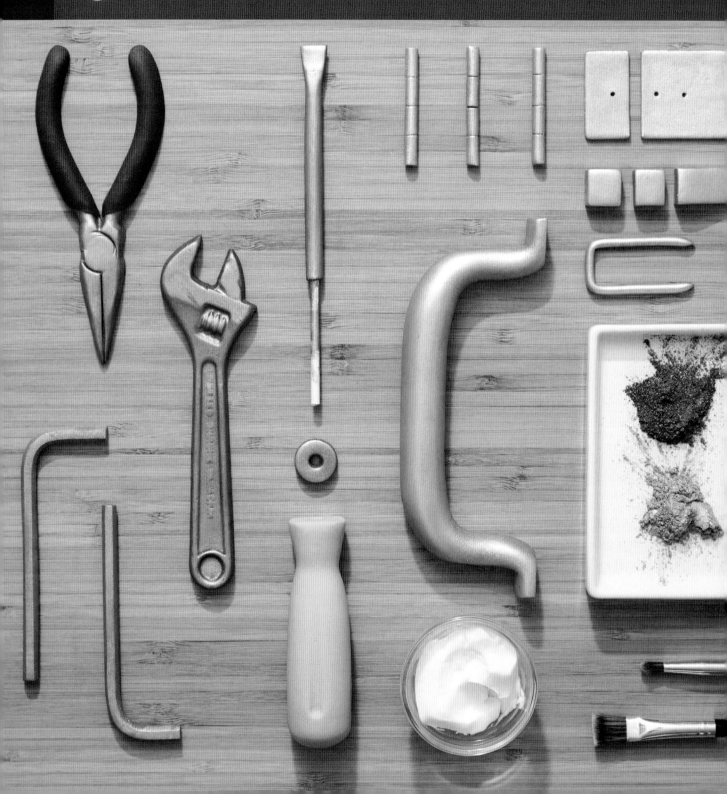

10 让工具和工具箱配件看起来更逼真的做法：首先在所有工具和配件上刷一层薄薄的起酥油（除了钳子和螺丝刀的手柄），再在工具和五金的表面刷上银色亮粉（在纸巾上操作）。在涂活扳手、钳子和内六角扳手时，可以添加一些亚光黑色颜料来调节金属的色调。

> 在纸巾上操作，可方便收集亮粉。

11 制作钳子手柄：将红色翻糖分成两半，每份都尽可能地擀薄、擀开。将钳子平放，在每个手柄上涂食用凝胶，包一片红色翻糖，用手抚平。不需要盖住下面的部分，修剪掉多余的翻糖。

12 用食用凝胶将干佩斯垫圈粘在螺丝刀手柄上，然后插入螺丝刀尖端，螺丝刀就制作完成了。

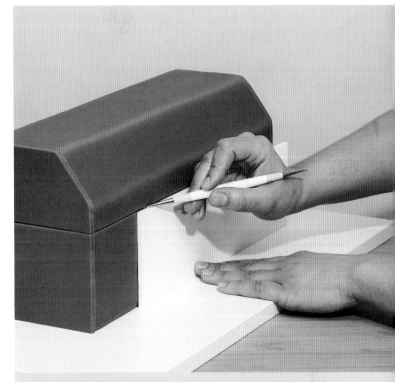

13 将泡沫板切成9厘米高，放在蛋糕的每一面，以泡沫板的顶部作为标线，用骨骼雕刻工具在蛋糕上划一道凹痕，看上去就像盖子与工具箱之间连接的凹槽线。

亮粉很容易撒得到处都是，所以要慢一点，小心地涂在五金配件上。

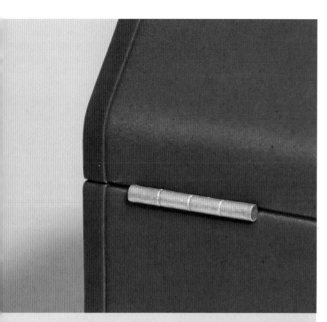

14 **添加细节**：从侧面的接缝开始。将蓝色翻糖的碎料揉在一起，擀成两条细而长的长条，长度可绕蛋糕侧面一圈。将它们切成 2 条 0.6 厘米宽的长条，涂上食用凝胶，分别粘好，用垫板和雕刻工具压入现有的凹槽。

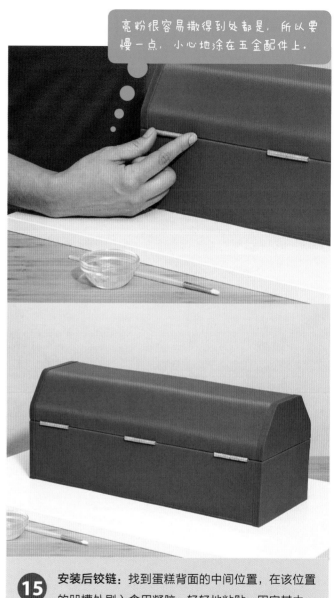

15 **安装后铰链**：找到蛋糕背面的中间位置，在该位置的凹槽处刷入食用凝胶，轻轻地粘贴、固定其中一个铰链。在距离第一个铰链 2.5 厘米的位置固定第二个铰链。重复上述步骤，固定第三个铰链。

16 **安装锁扣：** 使用食用凝胶将两块锁板分别粘在工具箱中间凹槽的上面和下面。取一小条干意大利面穿过 3 个导孔，插入蛋糕中约 5 厘米深。在 C、D、E 配件上刷食用凝胶，轻轻将它们插在意大利面条上，一直推到底，但要确保不穿透意大利面。

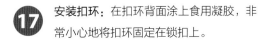

看见那个工具箱了吗？是我做的！你也可以！

17 **安装扣环：**在扣环背面涂上食用凝胶，非常小心地将扣环固定在锁扣上。

18 将剩下的灰色干佩斯尽可能地擀薄，切出两个 3 厘米 × 4 厘米的长方形，刷上植物酥油，然后刷上银色亮粉。在手柄上刷银色亮粉，两端抹上食用凝胶，粘在两个长方形片的底面。用水果刀将干佩斯的边缘切割整齐。

19 用 8 号圆形裱花嘴在手柄卡扣的两侧压上印痕，使之看起来像铆钉。将手柄及卡扣一起用食用凝胶粘到工具箱顶面的中间位置。现在，开始吃蛋糕吧！

甜 筒

　　我不做蛋糕的时候，最喜欢做冰激凌或吃冰激凌！我十分着迷于冰激凌，甚至想在 YouTube 上开一个制作冰激凌的频道。你知道冰激凌的容器是千变万化的吗？冰激凌有时能让我觉得像个孩子——尤其当它是可爱的小甜筒时。

　　冰激凌搭配蛋糕是完美的庆祝方式。我在 YouTube 上做的第一个生日蛋糕是薄荷巧克力片蛋卷冰激凌，它是我最喜欢的口味。每年在我生日临近的时候，我都会在 Camp Cake（一个有趣的现场直播）上和来自世界各地的粉丝们一起吃蛋糕，一起制作冰激凌圣代蛋糕庆祝。这款蛋糕的挑战之处在于蛋筒的颜色。我发现，要让颜色变得微妙、自然、恰到好处是一件很棘手的事情，但这是一种很好的练习，而且它的结果是值得的。

甜 筒

高阶蛋糕

工具

1 个 6 英寸圆形蛋糕模具（7.5 厘米深）

3 个 5 英寸圆形蛋糕模具（7.5 厘米深）

3 个 4 英寸圆形蛋糕模具（7.5 厘米深）

厨房秤

挤压瓶

锯齿刀（大号和小号）

直尺和卷尺

蛋糕底托：2 个 10 英寸圆形，1 个 8 英寸圆形，4 个 6 英寸圆形，2 个 3 英寸圆形，1 个 4 英寸圆形

抹刀：小号弯抹刀、大号直抹刀

圆形切割器：$1\frac{1}{2}$ 英寸，3 英寸，4 英寸

擀面杖：木制的和法式的

翻糖抹平器

切割器：2 号和 3 号

软笔刷

量角器（可选）

12 英寸圆形蛋糕模具

4 个 0.6 厘米粗、30 厘米长的木棍

园艺剪刀（用于切割木棍）

材料

1/2 份	尤氏巧克力蛋糕糊（见第 20 页）
1 份	尤氏香草蛋糕糊（见第 22 页）
1 份	尤氏意式奶油霜（见第 28 页）
1 份	尤氏简易糖浆（见第 32 页）
1360 克	白色翻糖
	食用色素：象牙色和毛茛黄色
	糖粉，擀翻糖用
	食用凝胶
1/2 份	尤氏蛋白糖霜（见第 36 页）
	食用酒精
450 克	巧克力色翻糖

第一天：准备

1 将烤箱预热至 180℃。在所有圆形蛋糕模具里铺上烘焙纸（参考第 43 页）。

2 根据食谱准备蛋糕糊。将蛋糕糊倒入准备好的模具中，参考下表：

巧克力面糊

2 个 4 英寸圆形蛋糕模具
每个 225 克面糊

1 个 5 英寸圆形蛋糕模具
450 克面糊

香草面糊

1 个 4 英寸圆形蛋糕模具
225 克面糊

2 个 5 英寸圆形蛋糕模具
每个 450 克面糊

1 个 6 英寸圆形蛋糕模具
450 克面糊

将蛋糕糊表面抹平。4 英寸的烤 35 分钟，5 英寸的烤 40 分钟，6 英寸的烤 45 分钟，烤至将牙签插入蛋糕中间，取出后是干净的。中途旋转烤盘使上色均匀。放到冷却架上，直至完全冷却。用保鲜膜包起来，冷藏过夜。

3 根据食谱准备意式奶油霜、蛋白糖霜。用保鲜膜封好碗，放入冰箱冷藏。

4 根据食谱准备简易糖浆。冷却至室温，倒入挤压瓶，冷藏。

5 900 克白色翻糖加象牙色和毛茛黄色食用色素调成类似蛋筒的颜色。调至满意的颜色，用保鲜膜包起来，放在阴凉干燥的地方。

蛋筒的颜色不易把握，可以放一个真的蛋筒在旁边作参考，一点点地加颜色慢慢调整。

第二天：制作蛋糕

1 把奶油霜从冰箱里拿出来，室温回温，需要几个小时。

2 从模具中取出蛋糕，撕掉烘焙纸。把蛋糕放平，用锯齿刀和直尺修平。把香草蛋糕翻面，用同样的方法切掉烤焦的底部（巧克力蛋糕不需要去除焦化的部分）。确保所有的香草蛋糕高度一致，所有的巧克力蛋糕高度一致。将从巧克力蛋糕上切下来的圆顶叠在一起，轻轻按压，使它们粘在一起，这些将成为甜筒的尖端。

3 把所有的蛋糕放在干净的工作台上，淋上简易糖浆。待糖浆充分浸透后，再进行下一步操作。

4 蛋筒由两部分组成："筒身"和"筒边"。先从做筒身开始：取两个 5 英寸的香草蛋糕，用抹刀抹上意式奶油霜，在 10 英寸圆形蛋糕底托上叠放上两个 5 英寸的蛋糕，再放一个 4 英寸的蛋糕。放入冰箱冷藏 20~30 分钟，直到奶油霜摸上去变硬。

5 **制作筒边：**取一个 6 英寸的香草蛋糕放在 10 英寸的圆形蛋糕底托上，在蛋糕顶面用 4 英寸圆形切模标记圆形印记。用锯齿刀沿着 4 英寸的圆形标记向蛋糕的底部边缘斜切。切出来的蛋糕顶部直径为 4 英寸，底座直径为 6 英寸。

如果你愿意的话，可以把一块3英寸的圆蛋糕板放在蛋糕上，这样就更容易切割了。

6 把蛋筒的筒身从冰箱中取出。在蛋糕顶部的中心，用圆形切模标记一个 3 英寸的圆圈。用锯齿刀切割蛋糕边缘，使蛋糕整体呈 A 字形。顶部直径为 3 英寸，底部直径为 5 英寸。留出两个蛋筒片的位置。

7 用三块巧克力蛋糕做"冰激凌"：取两块 4 英寸、一块 5 英寸的巧克力蛋糕，用圆形切模把其中一块 4 英寸的圆形巧克力蛋糕切成直径为 3 英寸的蛋糕。用小锯齿刀将三块蛋糕的顶部和底部边缘都修成圆弧形，这样每个蛋糕看起来都像一个圆形的小馅饼。在每块蛋糕的顶部切一个非常小的角度，这样当它们堆叠的时候就会稍微倾斜。如果需要，可以完善圆角的顶部边缘。

8 制作旋涡冰激凌的顶端：用 $1\frac{1}{2}$ 英寸的圆形切割器从堆叠在一起的巧克力蛋糕隆起的中心切一个圆形。用小锯齿刀把圆切出一个小尖角，就像冰激凌的顶部。

9 用直抹刀和弯抹刀在筒身、筒边和步骤 7 的 3 块巧克力蛋糕上抹上意式奶油霜，放到冰箱里冷藏 20~30 分钟，直到定形。

10 在锥形筒身的顶面和侧面再涂一层奶油霜，尽量使抹面光滑。在筒边周围再涂一遍奶油霜。

11 保留一点奶油以备第 14 步使用。将所有蛋糕放入冰箱冷藏 20~30 分钟，直到奶油变硬定形。

12 **包裹圆锥形的筒身：** 测量筒身圆锥的高度和底面的周长（直径 5 英寸的一端）。在工作台上撒上糖粉，用木擀面杖将蛋筒色翻糖擀成一块厚 0.3 厘米，大小足够包裹筒身的翻糖片。用法式擀面杖卷起翻糖片，迅速小心地把它绕着筒身展开，用翻糖抹平器抹平整。两端重叠处，用直尺、水果刀将接缝处切齐，去除顶部和底部多余的部分。

13 **包裹筒边：** 从蛋糕一面的底边开始向上量到顶边，再量到蛋糕另一面的底边。将一块蛋筒色翻糖擀成 0.3 厘米厚且略大于蛋糕的翻糖片。把翻糖片盖在蛋糕上，用翻糖抹平器和手将翻糖包面抹平整。

14 **包裹筒边的顶面：** 将蛋糕翻转，在顶面涂上之前预留的意式奶油霜。将蛋筒色的翻糖擀成一块 0.3 厘米厚且比顶面略大的圆片。把它包在顶面上，用水果刀修掉多余的翻糖。

15 **在筒身上添加细节：** 擀一些蛋筒颜色的翻糖片，使用2号条形切割器切割出网格条。在锥形筒身上加上12条垂直条。把你的圆锥体想象成一个时钟。首先用水垂直地粘上一条，以此作为12点钟位置。用布卷尺找到6点钟位置，在那里粘上一条垂直条。测量并确定3点钟位置，加一条垂直条，9点钟位置重复同样的操作。在每个位置之间加上两条垂直条，确保它们的间距相等。将所有的垂直条修剪到11.5厘米高。

16 **添加水平条：** 在所有垂直条距底座 3 厘米和 7 厘米的位置做标记，这就是放置水平条的位置。擀蛋筒色翻糖片，用切割器切割出网格条。修剪这些条以适应垂直条之间的空间，使末端变细以适应曲线，并把它们粘贴在做标记的位置。在距底座 11.5 厘米的位置，所有垂直条的末端粘上两条，让其末端首尾相接，形成一个水平条。

17 **把细节添加到筒边上：** 用 3 号切割器切出 8 条 13 厘米长的蛋筒颜色的翻糖条，切成两半。为了将条均匀粘在筒边的顶面，可使用量角器来测量位置再进行粘贴。如果没有量角器，再次使用时钟的方法：先确定 12 点、3 点、6 点和 9 点钟的位置，从外边缘粘到中心，然后在每个位置之间附加 3 条等距的条。

18 将一个 4 英寸的圆形切割器放在中间，把所有的条切成相等的长度。

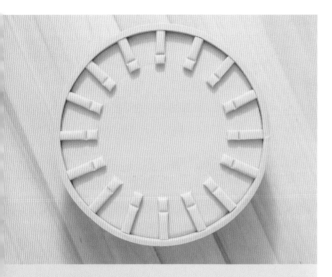

19 **完成修饰：**测量筒边的周长。将一块 0.3 厘米厚的蛋筒色翻糖切割成和蛋筒边周长一样长、宽 1.2 厘米的长条。用食用凝胶将长条翻糖粘在蛋筒的边缘上，将长条翻糖包裹到边缘顶部，并确保它与 16 个条的顶部成直线，形成一个类似圆锥的边缘。

20 **将筒身翻转：**用上下两块蛋糕底托将筒身翻转。

21 **组装蛋筒：**将 $1\frac{1}{2}$ 英寸的圆形切割器放在筒身顶面的中心，沿切割器的外缘做 6 个标记。在蛋糕上的一个标记处垂直插入一根木棍，并用铅笔在木棍与蛋糕表面齐平处划出一条切割线。取出木棍，根据这一高度，把 3 根木棍切成 6 段同样的高度（第 4 根木棍不切，留到后面有用）。将木棍直接插入蛋糕的标记处，确保顶端与蛋糕顶部平齐。

22 安装蛋筒的边缘：在蛋筒筒身的顶面涂上一层蛋白糖霜，覆盖住木棍上，但不要太靠近边缘。将蛋筒边居中放在筒身的上面，确保筒边的边缘与筒身的翻糖边缘对齐。

23 隐藏筒边与筒身的接缝：测量筒边与筒身接缝处的周长，搓一条 0.3 厘米粗的蛋筒色翻糖绳，长度略长于蛋筒周长。擀成片，再修成 0.6 厘米宽的长条，用食用凝胶将其包裹在接缝处。

25 制作香草冰激凌：将冰激凌蛋糕分成两层：香草蛋糕层和巧克力蛋糕层。将一块白色翻糖擀成厚 0.3 厘米的圆片，直径比要覆盖的蛋糕层直径大 5 厘米。用一块与翻糖片大小相同的蛋糕板或其他圆形模板，在翻糖片上切割掉一部分，使其成为一个月牙形（例如，要覆盖 5 英寸蛋糕层，先擀出一个 7 英寸的翻糖圆片，然后用 7 英寸的模具或模板切掉圆的一部分）。

24 将象牙色食用色素与食用酒精混合，调制成较稀的颜料。用软笔刷在蛋筒的整个表面刷一层颜色。特别注意网格图案的角落，刷掉容易在角落聚集的颜料。

26 将月牙形的翻糖盖在巧克力蛋糕层上，使其覆盖蛋糕层的一半。小心地抚平翻糖，把它塞到蛋糕下面。用水果刀修剪掉多余的部分。重复上述步骤，覆盖另外两层蛋糕（顶部蛋糕不要覆盖）。

27 制作巧克力冰激凌：为每一层蛋糕擀一块0.3厘米厚、直径比蛋糕层直径大5厘米的巧克力色翻糖圆片。把每块圆片切成两半，做成半圆形的翻糖片。把巧克力色翻糖盖在蛋糕上，确保巧克力色翻糖的圆边紧贴着白色新月形翻糖的边缘。小心地包裹住香草蛋糕，并抚平塞到蛋糕下面，去掉多余的部分。重复上述步骤，覆盖另外两层蛋糕（顶部蛋糕不要覆盖）。

28 覆盖顶部：用覆盖冰激凌蛋糕相同的方法覆盖顶部蛋糕，但颜色反过来，把巧克力色翻糖做成新月形状，把白色翻糖做成半圆形。最后用指尖轻轻地将翻糖捏出一个尖儿出来。

29 将蛋筒和冰激凌组装在一起：将蛋白糖霜铺在蛋筒顶部的中央，在上面放一块3英寸的蛋糕底托，再涂上一层蛋白糖霜，然后加上5英寸的冰激凌层，在上面涂上一点蛋白糖衣，再加4英寸的冰激凌层，保证香草冰激凌在同一侧，在上面抹上蛋白糖霜，再加3英寸的层，再一次让香草冰激凌在一侧。

30 把最后一根木棍的一端削尖，插入蛋糕的中间，一直到底部。木棍应该略高于顶部的3英寸蛋糕层。在3英寸的蛋糕层上抹上一点蛋白糖霜，然后盖上蛋糕顶部。现在这个冰激凌甜筒就做好了！

玩具推土机

我儿子很喜欢建筑工地，如果有推土机在，不管是真实的，还是玩具，他就会笑容满面。在过去的几年里，我参加了很多孩子们的聚会，大多数学龄前儿童都有和他一样的爱好，所以这款蛋糕非常适合小型派对。我儿子现在四岁了，毫不奇怪，这个玩具推土机蛋糕是这本书中所有蛋糕里他最喜欢的一个（尽管他仍然没有原谅我切蛋糕的行为）。每个玩具推土机都有不同的细节，如果你在为你的孩子做这个蛋糕，我建议可以做成和他们的玩具推土机完全一样的款式，让它变得很特别。

在做这个蛋糕的过程中，你将练习用销钉连接蛋糕，雕刻、制作翻糖和干佩斯的细节等。在蛋糕上桌前发挥你的创造力，给蛋糕安装上不同的装饰。我用巧克力鹅卵石和糖果砖来设置场景，用棉花糖烟雾做了一个甜蜜的装饰。我向你保证，周围没有一个孩子会不喜欢这个蛋糕的！

14~16 人份

玩具推土机

3

高阶蛋糕

工具

30 厘米 ×46 厘米的长方形蛋糕模具

挤压瓶

不粘垫或不粘板

擀面杖：小号不粘的和木制的

锯齿刀

直尺

小号弯抹刀

蛋糕板：10 厘米 ×20 厘米（底板），
8 厘米 ×11.5 厘米（驾驶室）

16 英寸的蛋糕转台，用来支撑成品蛋糕

3 个 0.6 厘米粗的木棍

园艺剪刀

旋转式翻糖挤泥器，附圆形、扁平形卡头

条带切割器、切条器

圆形刻模：1 英寸和 2¹/₂ 英寸

圆形裱花嘴：807 号和 809 号

材料

2 份	尤氏巧克力蛋糕糊（见第 20 页）
1 份	尤氏意式奶油霜（见第 28 页）
	食用色素：柠檬黄和金黄
1 份	尤氏简易糖浆（见第 32 页）
230 克	干佩斯
	糖粉，擀翻糖用
1590 克	黄色翻糖
450 克	白色翻糖
900 克	黑色翻糖
1/2 份	尤氏蛋白糖霜（见第 36 页）
	植物起酥油
30 克	红色翻糖
	食用凝胶

道具和造型（可选）

1 杯	巧克力饼干碎（作为污垢）
	巧克力鹅卵石
	糖果砖，看起来像建筑工地的砖块
	白色棉花糖，用来制作排气管中冒出的"烟"

第一天：准备

1 将烤箱预热至 180℃ 。在长方形烤盘上铺上烘焙纸（见第 43 页）。

2 根据食谱准备巧克力蛋糕糊。把蛋糕糊倒入准备好的模具中，烤约 50 分钟，或者烤至用牙签插入蛋糕中间取出后是干净的，中途旋转烤盘使蛋糕上色均匀。将烤盘取出，放到冷却架上，直至完全冷却。用保鲜膜包裹起来，冷藏过夜。

3 根据食谱准备意式奶油霜。在 4 杯意式奶油霜中加入 1 汤匙柠檬黄色和 1/4 茶匙金黄色食用色素，搅拌均匀。用保鲜膜将碗盖盖紧，冷藏（冷藏或冷冻剩下的意式奶油，以备其他用途）。

4 根据食谱准备简易糖浆，冷却至室温，倒入挤压瓶中冷藏。

推土板越提前做效果越好，干佩斯的细节可以变得更牢固，并且可以保存更长的时间。

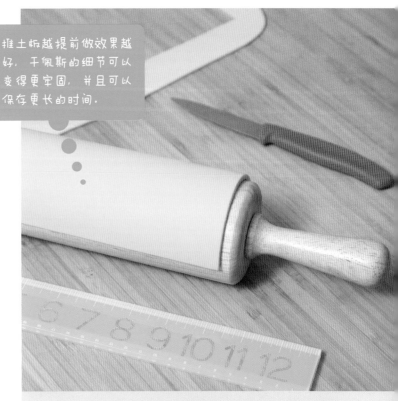

5 干佩斯加 1/4 茶匙的柠檬黄和 1/8 茶匙的金黄色食用色素染色，用来制作推土机的推土板。在不粘垫上，用不粘擀面杖把干佩斯擀成 0.3 厘米厚的薄片，再切割成 13 厘米 ×23 厘米的长方形（推土机蛋糕大约 25 厘米宽，推土板的宽度应与之相匹配）。将干佩斯贴在刷油的擀面杖（或其他曲面）上，晾干备用。用保鲜膜将剩余的干佩斯包好，备用。

第二天：制作蛋糕

1 从冰箱里取出黄色的奶油霜，让它恢复到室温，可能需要几个小时。

2 把蛋糕从模具里拿出来，撕掉烘焙纸。将蛋糕放平，用锯齿刀和直尺修平，蛋糕约3.8厘米高。把切下来的蛋糕顶放在一边，备用。

4 将简易糖浆淋在蛋糕表面，让蛋糕保持湿润和美味。等糖浆被充分吸收后再继续下一步的操作。

3 用直尺和锯齿刀将蛋糕切成 8 块：

- 首先，沿蛋糕的长边切割一条 6 厘米宽的长条，再将其切成两半，形成两个 6 厘米 ×23 厘米长条（A）。放在一边，这些将成为推土机两侧的两条履带。

- 切完后将剩下一块 24 厘米 ×46 厘米的长方形蛋糕。将其切割成三个长方形，如下所示：两个 14 厘米 ×24 厘米的长方形（B）和一个 18 厘米 ×24 厘米的长方形（C）。两个 14 厘米 ×24 厘米的长方形以及修剪出的蛋糕顶将成为推土机的主体。

- 将长方形C切割成4个较小的长方形，每个的大小为 9 厘米 ×12 厘米（D）。这些将用于创建驾驶室和引擎盖。

- 从蛋糕顶的中心切出一个 14 厘米 ×24 厘米的长方形（E）。用锯齿刀和直尺将其修成 2.5 厘米高。

5 制作推土机的车身：用弯抹刀分别在 3 块 14 厘米 ×24 厘米的蛋糕层上抹上黄色的意式奶油霜，在 10 厘米 ×20 厘米的蛋糕板上将 3 块蛋糕堆叠在一起。

6 制作驾驶室：用黄色意式奶油霜填充并堆叠 4 个较小的长方形蛋糕（D）中的 3 块，并放在 8 厘米 ×11.5 厘米的蛋糕板上。将车身和驾驶室转移到冰箱中冷却 20~30 分钟，直到奶油霜完全定形变硬。

7 制作引擎盖：将剩下的一个小长方形（D）修至2.5厘米高，这将被放置在车身的顶部。

8 把两个用作履带的长条蛋糕（A）的四个角落用锯齿刀修圆滑。

9 从冰箱中取出最大的一摞蛋糕（蛋糕的主体和车身），用锯齿刀雕刻出推土机的主体形状，将蛋糕的边角切圆，并在蛋糕顶面一侧缩进 2/3 的长度（见做法 16 的图）。将蛋糕的底部边缘修尖，使其与蛋糕板的边缘平齐。

10 从冰箱里取出小一点的那一摞蛋糕（驾驶室），把顶部削圆，然后修两边和前面，使驾驶室略微向底部倾斜。将蛋糕的前角修剪到可以看到突出的蛋糕板。

11 把作为引擎盖的蛋糕放在蛋糕车体的顶部，这样就可以看出推土机的雏形了。用锯齿刀把引擎盖的顶部边缘修圆。取下引擎盖，放在一边。

12 用小抹刀分别在所有的蛋糕层和蛋糕片上抹上黄色意式奶油霜，包括轨道块。将所有的蛋糕块放入冰箱冷藏 20~30 分钟，直到抹面表面摸上去很硬。

13 在抹面上再涂一层黄色意式奶油霜，尽量抹光滑。再放入冰箱冷藏 20~30 分钟，直到奶油霜摸上去很硬。

14 将黄色的翻糖包在车身、轨道和引擎盖上：测量推土机的车身尺寸。在工作台撒上糖粉，将一块黄色翻糖擀成0.3厘米厚，大小足够覆盖整个推土机车身的薄片。在翻糖的中间放一根法式擀面杖，把一端撑起来，提起擀面杖，迅速小心地把翻糖盖在推土机上，用手抚平。用水果刀修剪掉多余的部分。再擀出两小块黄色翻糖，铺在轨道上，抹光滑，去掉多余的部分。另一块黄色的翻糖盖在引擎盖上抹光滑，修剪掉多余的部分。

15 用灰色翻糖包裹驾驶室：把白色翻糖和 30 克黑色翻糖揉在一起，做成灰色翻糖。将灰色翻糖擀成薄片，盖在驾驶室上。将顶部和四个侧面抹光滑，并修剪掉多余的部分。擀一块黑色的翻糖，分成小块盖在灰色的翻糖上，先在两边各包两小块，然后在前面、上面和后面各包上一长块，修剪掉底部边缘。

16 将推土机车体块放在 16 英寸的蛋糕转台上。将木棍插入蛋糕主体驾驶室所在的位置，标记木棍与蛋糕表面齐平处的位置。取下木棍，按照标记的高度将 3 个木棍剪成 5 根销钉。将木棍插入蛋糕的主体位置，其中一个在蛋糕的中心位置，另外四个在蛋糕的每个角落向内的 2.5 厘米处。木棍不能高于翻糖表面。

17 将驾驶室连带蛋糕板一起置于推土机车体上方，用一点蛋白糖霜粘住它们。

18 **把引擎盖放在推土机的车体上：**首先，测量驾驶室和推土机前部之间的距离，确保引擎盖能够放得下，因为引擎盖覆盖翻糖后面积大了。若有需要，用水果刀将引擎盖的末端修剪一下，使之紧贴驾驶室。把引擎盖放在推土机车体的顶部，用一点蛋白糖霜粘住。

19 **制作驾驶室的窗户：**用水果刀在黑色翻糖的两边切下矩形，露出下面的灰色翻糖。每扇窗户周围留 1.2 厘米的黑色边框作为框架。

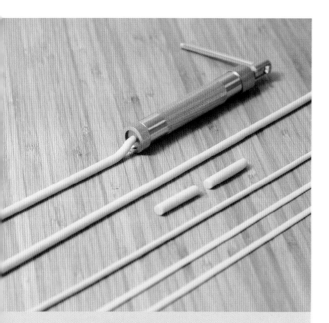

20 细节处理：将剩余的黄色翻糖加一些起酥油混合，软化翻糖，然后搓成几条细绳。用圆形和扁平形卡头将每根绳子推入翻糖挤泥器中挤出边线，用于发动机罩和驾驶室周围。这些边线增加了很好的细节，又可以掩盖接缝。在翻糖条上刷一点食用凝胶，粘在推土机上。

21 切割 4 个 28.5 厘米宽，和推土机底座的四条边一样长的黑色翻糖条。用食用凝胶将它们固定在推土机的底座上，并用水果刀切割接缝处。这使推土机看起来像是从地面升起来的。

22 制作推土机前后的格栅：将一些黑色的翻糖擀薄，然后用条带切割器轻轻地在上面压出格栅压纹。切割下两块适合推土机前后格栅的形状（正面为倒 T 形，背面为长方形），刷上食用凝胶，粘到推土机上。

23 用黑色、红色的翻糖和简单的工具（如水果刀和直尺）来添加其他细节，如灯、灯架和排气管等。我为驾驶室顶部做了两个小的灯架（里面是黑色和红色的），为驾驶室顶部做了一个大红色的灯，两个红色的前灯，两个红色的尾灯，和一个排气管（用黑色的翻糖包在一根木棍上，把木棍一端的翻糖切下来，然后插进蛋糕里）。

24 制作履带：擀开黑色翻糖，并切割成两根长条，长度足以环绕每个履带外围。再擀一块黑色翻糖，并切成与履带宽度相同的条。用切条器把黑色的翻糖切成细条，用食用凝胶将细条粘在履带上面，中间留出 1.2 厘米的空间来做踏板。

25 制作四个轮子：擀一块黑色翻糖，用 1 英寸的圆形刻模刻出 4 个圆片，再用 2½ 英寸的圆形刻模刻 4 个大一点的圆片（共 8 个圆圈）。在较小的圆上，使用 807 号和 809 号圆形裱花嘴刻同心圆。用食用凝胶把小的圆圈粘到大的圆上面。用切条器和水果刀将翻糖条加到车轮上，每个轮子 8 根辐条，用食用凝胶将辐条固定。在每侧的两个轮子之间加上一条长带子，在带子的两端用 2½ 英寸的圆形刻模刻出一条曲线，使其与轮子大小相符。

我趁我儿子不注意的时候把他的推土机拿走了——不要告诉他！

27 添加推土板：非常小心地从擀面杖上拿起干而凝固的干佩斯。用蛋白糖霜将推土板固定在推土机的前部。

28 在推土机周围添加可食用的道具——饼干屑、巧克力鹅卵石和糖果砖。最后 1 分钟的时候（因为棉花糖化得很快），在排气管的末端粘上一团棉花糖，让它看起来像烟一样，这就完成了整个造型。

26 制作推土机的铲臂：将等量的黄色干佩斯和黄色翻糖混合（这种混合方法被称为"50/50"，这样会比单一的用干佩斯或翻糖做的铲臂更牢固）。把它擀成 0.6 厘米厚，然后切成 2 条 0.6 厘米宽的足够长的长条，可以从引擎盖后面一直延伸到推土机前面的蛋糕板上。用食用凝胶将条带粘在推土机的两侧。推土板可以把前面的末端遮盖起来。

皇 冠

我第一次在 YouTube 上做蛋糕的时候，一些粉丝称我为蛋糕女王，我没有拒绝。我为什么要拒绝这个头衔呢？这个皇冠蛋糕并不仅仅是对我昵称的一种致敬——实际上，我是为你，我的粉丝们——对我来说你们都是女王和国王，以及我的儿子——我的王子而制作的。

像所有真正的皇冠一样，这个皇冠蛋糕很壮观。但不要被我的皇冠做法所局限——享受自己创作的乐趣吧。一旦你掌握了雕刻和塑形的技能，只要你喜欢，你就可以用任何方式来制作它。很多颜色都很适合这顶皇冠，所以你可以试试自己最喜欢的颜色。也可以设计出不同形状的创意珠宝，将珠宝摆成不同的图案，并进行装饰。我做过很多这种蛋糕，但是每次看起来都完全不同。这个蛋糕可以完美搭配任何一个宴会！

20~24 人份

皇 冠

高阶蛋糕

 工 具

4 个 9 英寸的圆形蛋糕模具（7.5 厘米深）

挤压瓶

硅胶宝石模具：水滴状、矩形、圆形、方形的宝石形状

擀面杖：木质的和法式的

圆形刻模：4 英寸和 1¹⁄₂ 英寸平纹的，1³⁄₄ 英寸齿状的

4 个 0.6 厘米粗的木棍，其中一个一端削尖

2¹⁄₂ 英寸圆形泡沫板

软笔刷

15 厘米长棒棒糖棒

刀具：锯齿刀和水果刀

直尺和布卷尺

抹刀：小号弯抹刀和大号弯抹刀

蛋糕板：2 个 14 英寸圆板，1 个 6 英寸圆板和 1 个 8 英寸圆板（可选）

2 个直径为 6 英寸，2.5 厘米厚的泡沫塑料盘，粘在一起做成 5 厘米厚的盘

14 英寸圆形蛋糕底托

胶带

大头针

蕾丝花纹压花工具

4.5 厘米 ×5 厘米心形饼干切模

材 料

制作蛋糕所需要的材料

3 份	尤氏巧克力蛋糕糊（见第 20 页）
1¹⁄₂ 份	尤氏意氏奶油霜（见第 28 页）
	粉色食用色素
2 份	尤氏简易糖浆（见第 32 页）
	糖果级擀翻糖用糖粉
1/2 份	尤氏蛋白糖霜（见第 36 页）
1820 克	粉色翻糖
2 罐（2.5 克装）	粉色亮粉
	食用酒精
3 罐（4 克）	金色亮粉
1 个	大号橡皮糖

制作宝石和装饰用品所需要的材料

	食用色素：粉色、青绿色、金黄色
340 克	干佩斯
30 克	黑色翻糖
1/4 茶匙	CMC 粉
	植物起酥油
170 克	白色翻糖
	食用凝胶
	食用喷雾亮光胶
3 罐（2.5 克装）	亮粉：珍珠色、粉色以及糖珠或珍珠

第一天：准备

1 将烤箱预热至 180℃，在圆形蛋糕模具里铺上烘焙纸（见第 43 页）。

2 根据食谱准备巧克力蛋糕糊。把蛋糕糊倒入准备好的模具里。烤 1 小时 15 分钟，或者烤至将牙签插入蛋糕中间取出后是干净的，中途旋转烤盘使上色均匀。将模具从烤箱取出放到冷却架上，直至完全冷却，用保鲜膜包裹起来，冷藏过夜。

3 根据食谱准备意式奶油霜。取 3 杯奶油霜放在一个碗里备用。在剩余的奶油霜中加入 1/2 茶匙粉色食用色素，调成粉色奶油霜。用保鲜膜将两个碗裹紧，并冷藏。

4 根据食谱准备简易糖浆。冷却至室温后，倒入挤压瓶中，放入冰箱冷藏备用。

> 可以把这些提前做好，因为干佩斯晾的时间越长，形状越固定。

5 取 2 份 60 克干佩斯，分别加粉色食用色素、青绿色食用色素揉匀。黑色翻糖加 CMC 粉揉匀。

6 **宝石成形：**在硅胶宝石模具中擦上少许植物起酥油。分别取一小块粉色、青绿色和白色的干佩斯，把它们压成你想要的宝石形状。静置几分钟，轻轻弯曲模具将其取出。每种颜色制作 24 颗。可多做一些额外的备用，以防摔碎。制作 8 颗白色圆形宝石和 8 颗黑色宝石。将所有的宝石放在阴凉干燥处晾干。

干佩斯宝石不是抠出来的，
而是轻轻地弯曲模型取出的，
这样可以保持它们的形状。

7 真正的皇冠顶部会有特定的装饰。在这个皇冠上，我用干佩斯翻糖混合物在蛋糕架上做了一个迷你小蛋糕。取170克干佩斯加170克白色翻糖揉在一起，然后加入3/4茶匙的金黄色食用色素。在工作台上撒上一层糖粉，用木擀面杖将干佩斯翻糖混合物擀至0.6厘米厚。用1.5英寸的圆形刻模刻出3个圆。用手指搓一个樱桃和茎，放在蛋糕的顶部。

完成后是这个样子

8 **制作迷你蛋糕架：** 用一个削尖的木棍在一个2.5英寸的圆形泡沫板中心戳一个洞。将食用凝胶刷在泡沫板的一面，并用干佩斯翻糖混合物覆盖这一侧。把泡沫板翻转过来，把周围多余的干佩斯翻糖混合物修剪掉。在泡沫板的表面和侧面刷上食用凝胶，并以干佩斯翻糖混合物盖住泡沫板，抹平边缘，使泡沫板被完全覆盖住。用水果刀切掉多余的部分。将棒棒糖棒插入泡沫板的洞中，刺穿（穿过泡沫板）。

9 **制作蛋糕架基座：** 搓一根干佩斯翻糖混合物的圆柱，徒手塑造它的形状，使它看起来像蛋糕架的基座。轻轻将棒棒糖棒推过基座，调整形状。轻轻移开棒棒糖棒，留下洞。将所有的迷你蛋糕和蛋糕架放在阴凉干燥的地方晾干。剩下的干佩斯翻糖混合物用保鲜膜包好，放在室温下备用。

第二天：制作蛋糕

1 把意式奶油霜从冰箱里拿出来，回温到室温。需要几小时。

2 从模具里取出蛋糕，撕掉烘焙纸。把蛋糕放平，用锯齿刀和直尺把它们修平整，再切分成八层。

3 把所有的蛋糕分开摆放在干净的工作台面上，在 7 块蛋糕表面淋上少量的简易糖浆。待糖浆充分浸透蛋糕后，再继续后面的操作。多余的一层可以作为零食享用。

4 **填馅并堆叠七层蛋糕：**用弯抹刀在 6 层蛋糕上抹上奶油霜，交替使用粉色和白色奶油霜。将蛋糕片堆叠起来，在第三层和第四层之间放一个 6 英寸的圆形蛋糕板，以增加稳固性。

5 **添加支撑物：**沿蛋糕顶部中心 5 英寸的圆圈插入 6 段木棍（取 3 个木棍分别切成两段），与蛋糕的高度齐平。将蛋糕放入冰箱冷藏 20~30 分钟，直到奶油霜摸上去变硬。

6 **蛋糕塑形：**将黏合在一起的 5 厘米厚的泡沫圆盘放在蛋糕的中央，用锯齿刀沿圆盘的边缘向下斜切至蛋糕的 1/3 处，形成锥形。取掉泡沫盘，将蛋糕翻转过来。

7 用一个 4 英寸的圆形刻模在皇冠的顶部做一个小标记。找到圆的中心，用水果刀的尖端在圆的中心划出一个深深的凹痕。

⑧ 用锯齿刀将顶端修圆，就像一个大苹果一样。

⑨ 当你对皇冠的形状满意时，用一把小抹刀在蛋糕表面抹上一层粉色的奶油霜，将表面的碎屑固定住。然后将蛋糕放入冰箱冷藏 20~30 分钟，直到抹面摸上去变硬为止。

⑩ 在一个 14 英寸的圆形蛋糕板中央贴上一圈双面胶带，居中粘上 6 英寸圆形泡沫盘，泡沫涂上蛋白糖霜，小心地将蛋糕放在泡沫圆盘上。因为在雕刻的时候用了这个圆盘作为参考，所以蛋糕底部应该跟它的尺寸一致。

⑪ **插入削尖的木棍以保持蛋糕稳定：** 测量蛋糕的高度，然后减去顶部压痕的深度。将未削尖一端的木棍剪到这个长度。将木棍插入蛋糕中间，一直穿过蛋糕层中间的蛋糕板，插入泡沫圆盘上。木棍的顶部应与压痕底部平齐，或比压痕底部短。

⑫ 在蛋糕抹面外再涂一层意式奶油霜，并尽量使它光滑。放入冰箱冷藏 20~30 分钟，直到奶油摸上去很硬。

⑬ **蛋糕包面：** 从蛋糕底座的一边（泡沫圆盘上方）开始测量，穿过顶部一直到蛋糕底座的另一个底边（注：泡沫圆盘底座要用一块单独的翻糖覆盖，所以这块翻糖只需要盖在蛋糕上即可）。在操作台表面撒上糖粉，把粉色的翻糖擀成 0.3 厘米厚的圆片，大小足够覆盖蛋糕。在翻糖的中间放一根法式擀面杖，把一端挑起来，迅速小心地把翻糖片盖在皇冠蛋糕上。用手把翻糖抹平，使它契合皇冠的曲线。如果有气泡，就用一根大头针把翻糖刺破，把空气放出来。在泡沫塑料底座和蛋糕相接处，用水果刀修剪掉多余的翻糖。

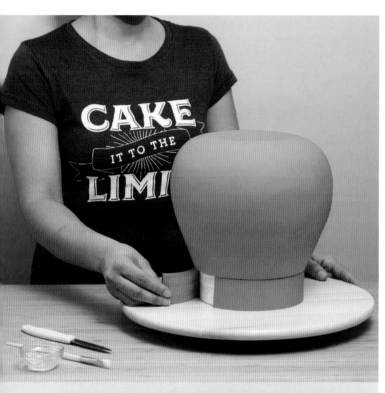

15 用清用酒精稀释粉色亮粉，调成像颜料一样的稠度。在蛋糕上刷上粉色颜料，使其呈现柔和的粉色光泽。静置，待颜料完全干透。

16 做装饰：把剩下的黄色干佩斯翻糖擀薄，剪出一条和步骤14中一样大小的长条。在背部刷上少许水，粘在粉色带子上，修剪两端相接的地方。

17 测量从泡沫塑料底座上面到顶部压痕的中间的距离。用黄色干佩斯翻糖剪出8条长度为刚才测量距离、宽度为2厘米的长条。把皇冠想象成一个时钟，首先，在长条的背面刷上少许水，把它垂直粘在皇冠上，将之作为12点钟位置。在它的对面，即6点钟位置再添加一条垂直的长条。把两条长条重叠的地方切割整齐。在3点钟位置和9点钟位置再添加两条带子。在这些位置之间再添加剩下的4条长条，确保它们的间距相等，并将它们进行修剪，使它们不会与其他的条纹重叠。

14 测量泡沫塑料底座的周长和高度。将一块粉色的翻糖擀成0.3厘米厚，修剪一下，让它足够长，可以绕蛋糕底座一圈；足够宽，可以盖住底座的高度。在泡沫塑料底座周围刷上食用凝胶，把翻糖绕在上面，并轻轻按压使其紧贴在上面。修剪掉两端相接位置多余的部分。

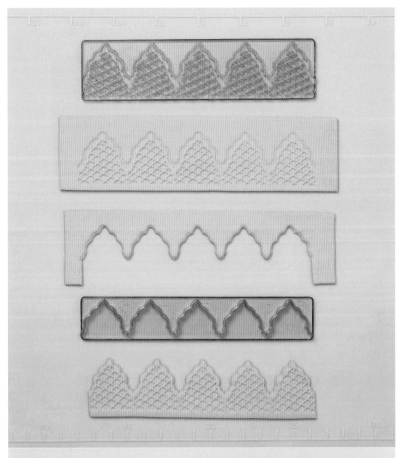

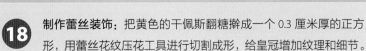

18 制作蕾丝装饰：把黄色的干佩斯翻糖擀成一个 0.3 厘米厚的正方形，用蕾丝花纹压花工具进行切割成形，给皇冠增加纹理和细节。

19 用食用凝胶，将蕾丝装饰固定在泡沫塑料底座上方，用水果刀沿着带子的侧面切割，使带子互相不重叠。

20 擀一块黄色的干佩斯翻糖薄片，并用心形饼干切模切出 8 个心形，用食用凝胶把它们粘在每条黄色带子的底部，这样它们就能覆盖蕾丝装饰与带子的接缝。

如果你的亮光漆太稀，可以等一会儿，让酒精挥发掉一部分。涂抹的时候如果太稠了，则加点酒精。

21 用食用酒精稀释金色亮粉，调成不太稀的颜料的稠度。把皇冠上所有的黄色部分涂成金色。从上往下涂，并且始终朝着相同的方向。你需要不同大小的软笔刷，方便涂抹所有的角落和缝隙的细节处。为了达到最佳的覆盖效果，需要涂两层金色，并且在涂第二层时确保第一层已经完全干透（需要一个多小时）。

22 **完成迷你蛋糕的顶部：** 用牙签在大号橡皮糖上戳一个洞，然后用棒棒糖棒把洞戳大一点。制作迷你蛋糕的"馅料"：将干佩斯翻糖擀成 0.3 厘米厚，然后用圆齿状切模切出 3 个圆圈。这些圆圈应该比迷你蛋糕层稍大一点。用食用凝胶分别粘到蛋糕层的顶部，沿着边缘把垂下来的圆齿边缘抚平，这样看起来就像蛋糕的馅。在每一层的中间做个记号，用棒棒糖棒在每一层上打一个洞。

在纸上操作，每次刷一种颜色的亮粉，这样有助于收集，重复使用。

24 **给宝石上色：** 在黑色宝石上喷两层可食用喷雾亮光胶，待第一层变干，再喷第二层。其余的宝石，抹或刷上一层起酥油，然后刷上各种颜色的亮粉。放在一边晾干。

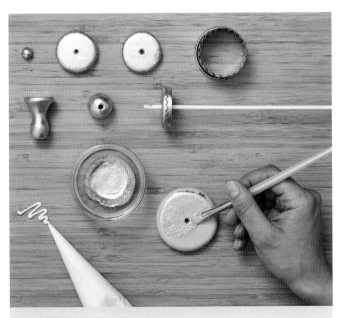

23 **用金色的颜料涂满所有的顶层部件：** 在三层蛋糕、小樱桃和它的茎、蛋糕架和底座上涂上金色颜料。放在一边晾干，需要 1 个小时。

26 添加额外的细节，用糖珠填充空间。糖珠可以隐藏泡沫塑料底座上面的接缝。

27 组装迷你蛋糕和蛋糕架，并将其固定在皇冠的顶部。将棒棒糖棒插入蛋糕中心，使大部分棒棒糖棒仍露在蛋糕上方，组装时小心避免碰到蛋糕内的木棍。

28 在蛋糕顶部棒棒糖棒所在的位置涂一点蛋白。把橡皮糖穿在棒棒糖棒的顶端，让它刚好固定在皇冠的凹槽处。在橡皮糖上涂上一些蛋白糖霜，再穿上蛋糕底座。抹一些蛋白糖霜，然后把蛋糕架的顶部穿到底座上。在蛋糕架上抹一层蛋白糖霜，然后穿上 3 层蛋糕，再用蛋白糖霜把它们粘在一起。最后，用蛋白糖霜把小樱桃和茎粘在迷你蛋糕上——完成！

25 将宝石装饰在蛋糕上：了确保图案均匀，可先用卷尺和大头针标记位置。从心形的底部和表面开始，在宝石的背面涂上一点蛋白糖霜，然后粘在合适的位置。在处理不同颜色的宝石之前，请先将指尖擦干净，因为亮粉粉末很容易粘手。我在我的条纹上做了两种不同的图案，绕圈装饰的时候交替使用即可。

招财猫

日本一直吸引着我，几年前我和先生去日本旅游之后，对日本就更加着迷了。我们总是很享受旅行，日本之旅是我们目前最爱的旅行之一。我们迫不及待有一天能再去日本。

我们在日本的时候，到处都能看到招财猫，尤其是在商店和餐馆门口附近。招财猫被认为能给主人带来好运。对我来说，它们看起来也像可爱的小迎宾员在挥手打招呼，或挥手再见。我想，能够有一个招财猫蛋糕来作为本书的最后一个蛋糕，不仅可以表达我对日本的爱，也将是一个完美的告别方式，并祝你们在所有的蛋糕冒险中好运。这是书中最具挑战性的蛋糕，需要进行大量的雕刻和组装。如果你已经做到了这一步，并且在这一阶段的其他蛋糕上练习了你的雕刻和固定技巧，我想你应该试试你的运气。

招财猫

高阶蛋糕

✕ 工 具

2 个 5 英寸圆形蛋糕模具（7.5 厘米深）

2 个 6 英寸圆形蛋糕模具（7.5 厘米深）

挤压瓶

锯齿刀（大号和小号）

直尺和卷尺

蛋糕板：2 个 10 英寸圆形，1 个 8 英寸圆形，2 个 6 英寸圆形，1 个 3 英寸圆形

抹刀：小号弯抹刀的和直抹刀

3 个 0.6 厘米粗的木杆子

圆形切模组	软笔刷
14 英寸圆形蛋糕底座	不粘垫或不粘板
耐热碗	椭圆切模：2 英寸和 3 英寸
脉纹和尖的雕刻工具（玻璃纤维棒）	小泪珠或树叶切模
一根可弯曲吸管	圆形裱花嘴：8 号、807 号、2 号和 12 号
4 个 15 厘米长的棒棒糖棒	2 号条形切割器
擀面杖：木制、法式和小型不粘的	旋转式翻糖挤泥器，附大号、小号圆形卡头
翻糖抹平器	5 瓣玫瑰切割器
园艺剪	小三角刀（可选）
字母切割器	

🗂 材 料

1 1/2 份	尤氏香草蛋糕糊（见第 22 页）
1 份	尤氏意式奶油霜（见第 28 页）
	凝胶食用色素：粉色、紫色、橙色、蓝绿色、金黄色和牛油果色
1 份	尤氏简易糖浆（见第 32 页）
1820 克	白色翻糖
115 克	干佩斯
3 杯	米花（膨化米）
2 汤匙	无盐黄油
225 克	迷你棉花糖
1/2 汤匙	纯香草香精
	植物起酥油
	糖粉，擀翻糖用
1/2 份	尤氏蛋白糖霜（见第 36 页）
	透明管状食用凝胶
60 克	黑色翻糖
	金色亮粉
	食用酒精
	生意大利面

第一天：准备

1 烤箱预热到 180℃。给两个 5 英寸和两个 6 英寸的圆形蛋糕模具铺上烘焙纸（参见第 43 页）。

2 根据食谱准备香草蛋糕糊。把蛋糕糊刮到准备好的蛋糕模具里，至一半高度，刮平。5 英寸的蛋糕烤制 50 分钟，6 英寸的蛋糕烤制 60 分钟，或者一直烤到中间插根牙签拔出来干净为止。中途可旋转模具使其上色均匀。取出后放在冷却架上，等模具完全冷却，用保鲜膜包严，冷藏一夜。

3 根据食谱准备意式奶油霜。在三个不同的碗里各放一杯奶油霜，一个加入粉色食用色素，一个加入紫色食用色素，还有一个加入橙色食用色素。调匀后用保鲜膜将碗盖上，包括未着色的奶油霜，冷藏。

4 根据配方准备简易糖浆，待其冷却至室温后，倒入挤压瓶中并冷藏。

5 取 60 克白色翻糖调成蓝绿色，60 克调成淡紫色，60 克调成粉红色。用保鲜膜把每个翻糖球单独包起来，放在阴凉干燥的地方。

6 用金黄色、紫色和牛油果食用色素分别调出 70 克黄色、30 克紫色和 15 克绿色的干佩斯出来。用保鲜膜把每个干佩斯球单独包起来，放在阴凉干燥的地方。

祝你在做这个蛋糕时好运！

这个蛋糕是本书中最具挑战性的，但也是最有意义的。一定要留出整整两天甚至三天来制作它，它需要很多费时的徒手操作。相信我，这将需要一些耐心，但回报是甜蜜的！

第二天：制作蛋糕

1 把所有的奶油霜从冰箱里拿出来，回温到室温。需要几个小时。

2 把蛋糕从烤盘里拿出来，撕掉烘焙纸。用锯齿刀和直尺把它们修平。把蛋糕翻过来，用同样的方法去掉蛋糕底部的焦化层，然后用锯齿刀和直尺把蛋糕切成八层（每个尺寸4层）。

3 把所有的蛋糕放在干净的工作台上，淋上简易糖浆。待糖浆充分浸透后再继续下一步。

4 **做两个蛋糕，一个6英寸，一个5英寸：** 用弯抹刀在6英寸的3片蛋糕片上交替涂抹彩色奶油霜，即一层粉色、一层紫色、一层橙色。在10英寸的圆形蛋糕板上将其堆叠起来，盖上一片未抹奶油霜的6英寸蛋糕片。用削尖的木棍在3英寸圆蛋糕板中心戳一个导孔，再将3英寸的蛋糕板粘到10英寸的圆蛋糕板上。把5英寸的蛋糕层按照同样方法涂抹奶油霜，堆叠到3英寸的蛋糕板上。最后将两个蛋糕冷藏20~30分钟，直到奶油摸上去很硬。

5 **雕刻招财猫的身体：** 用6英寸的蛋糕制作招财猫的身体。在蛋糕上放置一个3英寸的圆形切割器。用锯齿刀沿圆形切割器的边缘向下切成桶状，蛋糕底部和顶部要一样细。将蛋糕转移到一个14英寸的蛋糕底座上。

米花易塑形、切割，且能根据需要重新加工。

6 **雕刻招财猫的头部：** 用5英寸的蛋糕制作招财猫的头部。使用与招财猫身体相同的雕刻手法，用一个2¾英寸的圆形切割器作为导向工具，将蛋糕切成接近一个球形，底部削至与3英寸的蛋糕板同样大小。将头部放在身体上方，看看它们是否能组合在一起，并做出必要的调整，然后将头部与身体分开，放回3英寸的板上。

7 用直抹刀在每个蛋糕上抹上未着色的意式奶油霜。冷藏20~30分钟，直到抹面表面摸上去很硬。

8 **制作脆米花：** 将米花放入耐热碗中。用小平底锅中火熔化黄油。将棉花糖加入熔化的黄油中，用木勺搅拌，使棉花糖慢慢熔化。待棉花糖几乎全部熔化，只剩下几块的时候，离火，并迅速拌入香草香精。将热棉花糖混合物倒在米花上，搅拌均匀。

9 **制作招财猫的腿：** 在手上抹一点起酥油，防粘手。抓一把米花混合物，把它捏成两条腿的形状，确保每条腿上都有一条腿和一只脚。将两条腿尽可能捏对称。用一根小木棍画出大腿和脚的分界线，把腿按在蛋糕身体上。

10 **制作右臂：** 将米花混合物压紧并捏成一只手臂，弯曲到猫的腹部。也可以搓成你想要的形状。当你对手臂的形状满意时，把它按到蛋糕上。确保手放在靠近大腿的地方，手臂的顶部在脖子下面一点（如果太高，以后再加领子就会碍事了）。

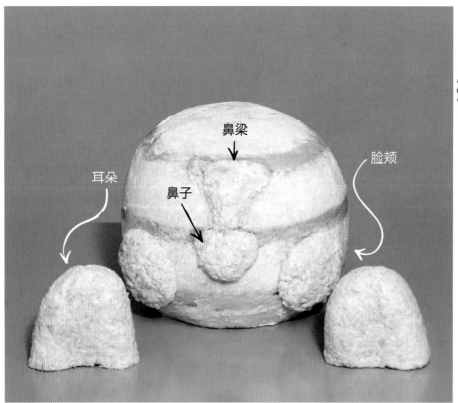

鼻梁

脸颊

耳朵

鼻子

当你用米花混合物捏塑各种形状和细节时，如果对形状不是很满意，可以在蛋糕上用一把小锯齿刀继续雕刻整形。

11 **制作面部细节：**制作两个脸颊和一个延伸到鼻梁和鼻子的前额。双颊可以用少量的米花混合物做圆饼，然后用 2 英寸的圆形切割器切齐，贴在脸上就可以了。

12 对于鼻子，用米花混合物做一个丰满的三角形，贴在脸的中央就可以了。

13 对于鼻梁，可以用米花混合物做一个 Y 形（鼻梁会让眼睛看起来更凹进去，更贴近脸部）。把鼻梁固定在鼻子上方的脸上。

14 **制作耳朵：**将米花混合物捏塑成两只耳朵的形状，确保它们是对称的。先不要把耳朵贴在头上。

15 **制作左臂：**将可弯曲吸管的短边修剪成约 4.5 厘米长，长边修剪成约 8 厘米长。剪一根 7.5 厘米长的棒棒糖棒和一根 10 厘米长的棒棒糖棒。将 7.5 厘米长的棒插入吸管较短的部分，10 厘米长的棒插入较长的部分。这样就会得到一个 L 形。

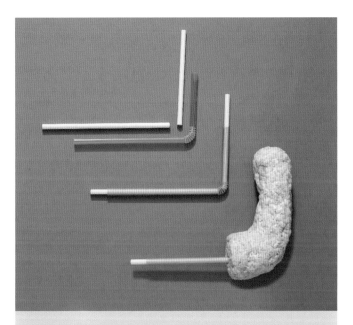

16 把剩下的米花混合物捏在吸管和棒棒糖棒的周围，并在棒棒糖棒的长端留出 7.5 厘米长。这只手臂要和右臂大致一样大，且爪子末端略圆。用锯齿刀修剪手臂，直到对它的形状满意为止。将完成的手臂放在 8 英寸的蛋糕板上。

19 **用翻糖包裹身体：** 用卷尺测量身体的尺寸，从一边的底部向上，再到另一边的底部。在不粘垫表面撒上糖粉，用木擀面杖擀出一个 0.3 厘米厚、略大于蛋糕实际尺寸的白色翻糖片。在翻糖的中间放一根法式擀面杖，把一端挑起来，迅速仔细地把翻糖从头到尾盖在蛋糕上。因为有相当多的凹槽，用指尖将它们抚平滑，顶部和背部可以使用翻糖抹平器将其抹平整。

17 用未着色的意式奶油霜涂抹蛋糕表面，以固定住蛋糕屑。用来制作身体、头部、双耳和左臂的米花混合物上也抹上一层奶油霜。冷藏 20~30 分钟，直到奶油霜表面摸上去很硬。

18 把蛋糕体、双朵和左臂都从冰箱里拿出来，再抹上一层无色的意式奶油霜，尽可能地抹均匀、平滑。对于左臂，试着在不使用太多奶油霜的情况下创造出一个光滑的表面。然后冷藏 20~30 分钟，直到奶油摸上去很硬。

20 重复这个过程来盖住头部。

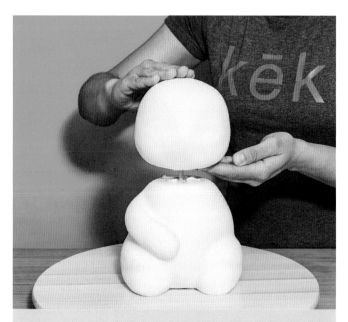

21 盖住左臂和耳朵：擀出一小块足够盖住整个手臂的白色翻糖，把它平滑地盖在手臂上。把手臂翻过来，将多余的翻糖捏拢在一起，然后用水果刀在背面切割，形成尽可能干净的接缝。擀出两片白色的翻糖，把它们盖在耳朵上，用指尖抚平，修剪掉底部多余的部分。

22 将木棍插入身体：在身体顶部放置一个 1¹⁄₂ 英寸的圆形切割器作为导向工具，将一个未削尖的木棍插入到身体内。用铅笔在与蛋糕齐平的地方做记号，然后把它从蛋糕里抽出来，切出四段同样长度的木棍。在 12 点、3 点、6 点和 9 点钟位置将它们插入圆形切割器周围。

23 将头部连到身体上：测量身体加头部向上 3/4 距离的高度，根据高度修剪剩余的木棍，削尖两端。将木棍插入蛋糕中间，用锤子轻轻敲入蛋糕底座中（提供最大的支撑）。在木棍之间涂上少量蛋白糖霜，不要涂至边缘。轻轻地将头部放在 3 英寸的蛋糕板上，并确保蛋糕板底部没有胶带，且要确保脸部与身体的前部对齐，将头部插入木棍，与身体接上。如果头部不易穿进木棍，可以用指尖轻轻按压，但要小心，不要在翻糖上留下任何印记。

24 **粘上耳朵**：将耳朵用蛋白糖霜粘在头上，两只耳朵之间留出 2.5 厘米的距离，并确保两侧对称。如果需要，修剪底部以契合头部的曲线。如果觉得它们不够牢固，可以用棒棒糖棒或牙签来固定它们。在每只耳朵的底部刷上一点蛋白糖霜，以遮盖所有接缝。

如果你对用米花做的耳朵不满意，可以试着用白色的干佩斯制作——参见第 155 页小猪存钱罐耳朵的做法。

25 **制作招财猫的项圈**：测量猫脖子的周长，擀一条厚度为 0.6 厘米，比测量长度略长，约 2.5 厘米宽的浅紫色翻糖。用直尺和刀把它切成 1.2 厘米宽的长条。把它绕在猫的脖子上，涂上一层食用凝胶粘在猫的背上。在两端重叠的地方切割出一个干净的接缝——确保把接缝留在蛋糕的背面。

一旦开始使用纹理工具，就没有改动的余地了，所以可以先用切割器做标记。

26 **突出招财猫的面部特征**：在鼻梁旁边放一个 2 英寸的椭圆形切割器，在每个眼窝的内角用纹理工具做一个浅浅的标记。用纹理工具压深这些痕迹，由轻到重。

27 在粘贴前先做好所有的细节部件。首先做蓝绿色的细节：对于猫的围嘴，从衣领底部开始测量，到猫的腹部，然后穿过猫的胸部。在不粘垫上，用不粘擀面杖擀出一些蓝绿色的翻糖片，用勺子挖出一个顶部形状（以贴合颈部）。不要担心做得不够完美，当装在猫身上后，还可以调整。

28 **制作猫的眼睛：** 将一块蓝绿色翻糖擀得尽可能薄，剪出两只眼睛。可以根先制作一个模板，然后手工切割它们。

29 **制作粉色的装饰：** 将所有的粉色翻糖擀成 0.2 厘米厚的片，剪下两条 0.6 厘米宽的长条，长度可以围住蓝绿色围兜的边缘。

30 猫的手指甲和脚趾甲，用 8 号裱花嘴刻出 16 个粉色的圆片就可以。

31 猫的耳朵内部，可以用 2 英寸的椭圆形切割器切割粉色的椭圆形（你做的猫耳朵的大小可能和我的不同，可选用别的尺寸的切割器）。

我们的摄影师杰里米曾经在日本做过英语老师，她帮我解决了拼写的难题！

32 对于猫的鼻子，用手把粉色翻糖搓成一个小圆球，然后捏成一个圆圆的尖三角形，就像小兔子的鼻子。对于嘴巴，用粉色的翻糖搓出一根细条，捏紧它的中心，弯曲两端。参考鼻子的尺寸，把握好比例。

33 **制作黄色干佩斯细节：** 在不粘垫上，将一块黄色干佩斯用不粘擀面杖擀成 1.2 厘米厚的厚片。用 3 英寸的椭圆切割器切出一个椭圆。用 2 号条形切割器在椭圆形干佩斯片上压出水平的条纹。

34 对于铃铛，用双手将黄色干佩斯搓成一个小圆球，用刀背在圆球上刻出一条缝，然后用一个尖的雕刻工具在缝的两端印出凹痕。

35 **制作黑色细节：** 将黑色翻糖擀得尽可能薄。我选择了用日语拼出蛋糕这个单词，你可以写任何你想写的东西。我用字母切割器来制作我的字符。

36 对于瞳孔，用 807 号裱花嘴在黑色翻糖上刻两个圆就可以了。

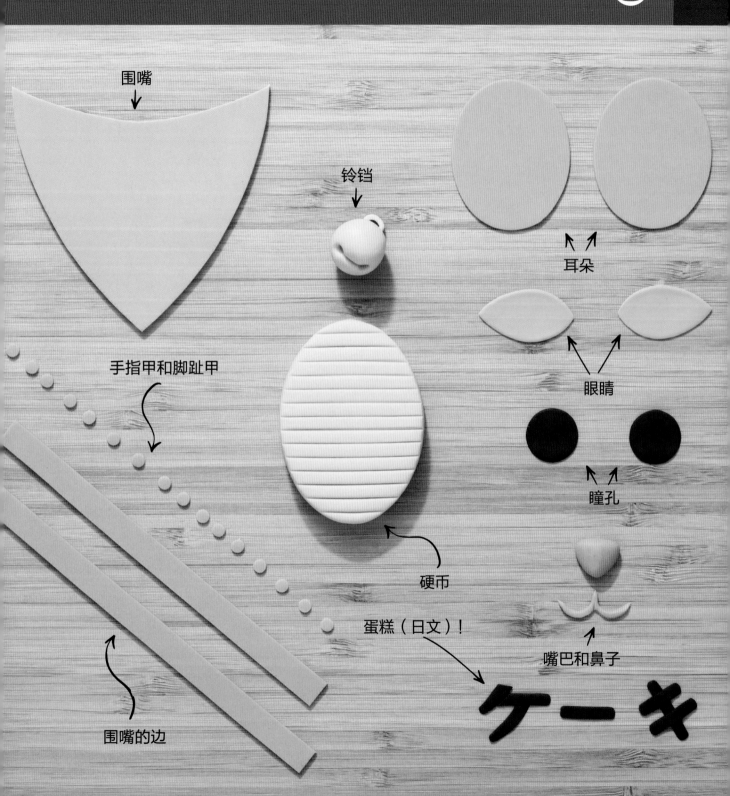

围嘴

铃铛

耳朵

眼睛

手指甲和脚趾甲

瞳孔

硬币

蛋糕（日文）！

嘴巴和鼻子

围嘴的边

ケーキ

37 粘上所有的零部件：在蓝绿色的围嘴背面刷少许食用凝胶，把它粘在衣领的下方。用水果刀把它切成合适的形状——你可能需要把脖子的部分削圆。手臂部分可能会挡住围嘴，所以围嘴在身体上的这部分可以剪掉。在粉红色长条的背部刷上食用凝胶，沿着围嘴粘上，并进行必要的修剪。

38 在每个爪子上粘上四颗指甲片。在粉色圆片的背面刷上食用凝胶，均匀地粘在每个爪子上。

39 在猫鼻子背面涂上食用凝胶，贴在猫脸上微微突出的部分。在鼻子下方用一个 $1\frac{1}{2}$ 英寸的圆形切割器做一个小的半圆形压痕，给嘴巴留出足够的空间。在嘴巴的背面涂上食用凝胶，然后粘在蛋糕上。

40 粘内耳。在粉色椭圆形片的背面刷上食用凝胶，并将它们粘在耳朵上，修剪椭圆与头部连接的部位。

41 在黑色瞳孔的背面刷上食用凝胶，把它们贴在蓝绿色的眼睛上，确保它们是均匀和居中的。在蓝绿色眼睛的背面刷上食用凝胶，并把它们贴在脸上。

42 为了勾勒出眼睛和睫毛的轮廓，在黑色的翻糖中揉入一点植物起酥油使其变软。搓成绳状，然后用小号圆形卡头将细绳从翻糖挤泥器中挤出。用一根细的软笔刷在眼睛周围刷一圈食用凝胶，然后粘上黑色翻糖线：从眼角开始到眼尾，修剪眼线。接下来，在眼尾粘上两根睫毛，修剪。在另一只眼睛上重复这些操作。

43 对于胡须，使用椭圆刻模从嘴角到胡须线压出一道浅浅的凹痕。在脸的两边各粘一根黑色翻糖线，再粘一根较短的胡须，在长胡须两边再粘上两根不同长度的胡须。

44 做手指和脚趾时，取一根黑色的翻糖线剪成 12 段。把它们用食用凝胶粘在手和脚上，位于粉红色圆点之间，分出手指和脚趾来。

45 为每只眼睛都添加细节：尽可能薄地擀出一小块白色的翻糖片。用 2 号裱花嘴刻出两个小圆圈，用食用凝胶把它们粘到瞳孔上。

46 制作花朵：将紫色、绿色和黄色的干佩斯擀薄，用玫瑰切割器切出五朵紫色的花。用小三角刀或水果刀尖在每片花瓣上切出一个小 V 形。用食用凝胶把它们分别粘在手肘和膝盖上。在黄色干佩斯薄片上用 12 号裱花嘴刻出一块小圆片，然后用食用凝胶把它们粘在紫色花朵上。最后，用小泪珠或树叶切模（或用水果刀手工切）从绿色的干佩斯上切出 15 片叶子（每朵花 3 片叶子），用食用凝胶固定。

47 涂抹金色的零部件：在硬币和铃铛上刷上一层薄薄的起酥油，确保所有的缝隙都被填满。然后用干软笔刷刷上金色亮粉。

48 取一点金色亮粉加几滴食用酒精混合，得到像颜料一样的稠度，在蓝绿色的围嘴上画图案。我选择了简单的手绘波卡圆点，静置干燥。

49 将一些黑色翻糖擀成比硬币厚度宽一点的长条，把它切成硬币的厚度，用食用凝胶包在硬币的外围。再用食用凝胶将字符粘在硬币上。

50 把硬币粘贴在身体上。用一个椭圆形切割器切掉硬币顶部的一小块，以契合手的形状，用水果刀削掉底部的一小块。用食用凝胶把硬币粘在蛋糕上，确保它紧贴蛋糕，小心地把围嘴部分剪齐，让它看起来就像是在硬币下面。

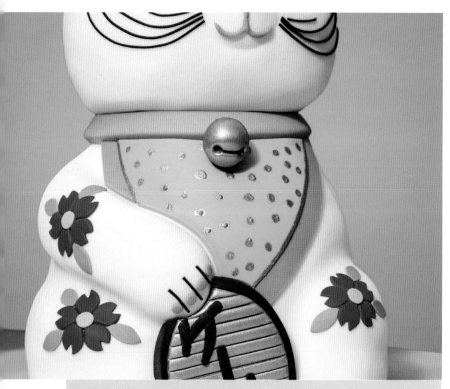

53 **粘上左臂：**将两根棒棒糖棒分别插入手臂的末端，上方和下方各插一根。将上方的棒棒糖棒插入蛋糕中，使手与头部连接，并在接缝处添加一些蛋白糖霜，再把手臂的底部插入接口处。用软笔刷刷掉所有渗出的多余的蛋白糖霜。让手臂固定几分钟直到蛋白糖霜凝固变硬。现在你可以吃这个蛋糕了！

51 在铃铛的背面抹上一些食用凝胶，用一根生意大利面将铃铛固定在蛋糕上，位于领子中央。

52 用一个适合手臂大小的刀具在蛋糕的左边刻出一个圆形的凹痕。用大号圆形卡头挤压白色翻糖条。用食用凝胶沿着凹痕将挤出的翻糖条固定成一个圆圈，确保接缝在后面。这就是手臂接口了！

蛋糕配方换算指南

在制作这种独一无二的蛋糕时，经常会遇到需要更多份的蛋糕糊，或不需要一整份奶油霜的情况。然而，如何计算放大或缩小比例的配方，往往是很难解决的算术题。为了解决这一难题，下面提供了各种比例的配方表。大多数的家用立式搅拌机可以处理 $1\frac{1}{2}$ 份配方的蛋糕糊；如果你需要做得更多，就需要分批搅拌了。记住一定要仔细按照说明进行搅拌和烘烤。

🍫 尤氏巧克力蛋糕

	1 份	$1\frac{1}{2}$ 份	2 份
中筋面粉	$2\frac{3}{4}$ 杯	4 杯 + 2 汤匙	$5\frac{1}{2}$ 杯
泡打粉	2 茶匙	1 汤匙	4 茶匙
小苏打	$1\frac{1}{2}$ 茶匙	$2\frac{1}{4}$ 茶匙	1 汤匙
食盐	1 茶匙	$1\frac{1}{2}$ 茶匙	2 茶匙
可可粉	1 杯	$1\frac{1}{2}$ 杯	2 杯
沸水	2 杯	3 杯	4 杯
无盐黄油	1 杯（2 块）	$1\frac{1}{2}$ 杯（3 块）	2 杯（4 块）
细砂糖	$2\frac{1}{2}$ 杯	$3\frac{3}{4}$ 杯	5 杯
大号鸡蛋	4 个	6 个	8 个

🍰 尤氏香草蛋糕

	1 份	$1\frac{1}{2}$ 份	2 份
中筋面粉	$2\frac{1}{2}$ 杯	$3\frac{3}{4}$ 杯	5 杯
泡打粉	$2\frac{1}{2}$ 茶匙	$3\frac{3}{4}$ 茶匙	5 茶匙
食盐	1/2 茶匙	3/4 茶匙	1 茶匙
无盐黄油	1 杯（2 块）	$1\frac{1}{2}$ 杯（3 块）	2 杯（4 块）
细砂糖	2 杯	3 杯	4 杯
纯香草香精	1 茶匙	$1\frac{1}{2}$ 茶匙	2 茶匙
大号鸡蛋	4 个	6 个	8 个
全脂牛奶	1 杯	$1\frac{1}{2}$ 杯	2 杯

🍥 尤氏粉丝绒蛋糕

	1 份	$1\frac{1}{2}$ 份	2 份
中筋面粉	4 杯	6 杯	8 杯
食盐	2 茶匙	1 汤匙	4 茶匙
无盐黄油	1 杯（2 块）	$1\frac{1}{2}$ 杯（3 块）	2 杯（4 块）
植物油	1/3 杯	1/2 杯	2/3 杯
细砂糖	3 杯	$4\frac{1}{2}$ 杯	6 杯
纯香草香精	$1\frac{1}{2}$ 茶匙	$2\frac{1}{4}$ 茶匙	1 汤匙
大号鸡蛋	4 个	6 个	8 个
玫红色食用色素	1 汤匙	$1\frac{1}{2}$ 汤匙	2 汤匙
红色食用色素	1/2 茶匙	3/4 茶匙	1 茶匙
脱脂牛奶	2 杯	3 杯	4 杯
小苏打	2 茶匙	1 汤匙	4 茶匙
苹果醋	2 茶匙	1 汤匙	4 茶匙

ⓔ 尤氏椰子蛋糕

	1 份	1¹/₂ 份	2 份
中筋面粉	3 杯	4¹/₂ 杯	6 杯
泡打粉	1 汤匙	4¹/₂ 汤匙	2 汤匙
甜椰蓉	1 杯	1¹/₂ 茶匙	2 汤匙
有盐黄油	1 杯（2 块）	1¹/₂ 杯（3 块）	2 杯（4 块）
细砂糖	2 杯	3 杯	4 杯
纯香草香精	2 茶匙	1 汤匙	4 茶匙
蛋白	4 个	6 个	8 个
鸡蛋	4 个	6 个	8 个
无糖椰奶	2¹/₃ 杯	3¹/₂ 杯	4²/₃ 杯

ⓕ 尤氏意式奶油霜

	1/2 份	1 份
细砂糖	3/4 杯 + 2 汤匙	1³/₄ 杯
水	1/4 杯	1/2 杯
蛋白	4 个	8 个
无盐黄油	1 杯（2 块）	2 杯（4 块）
纯香草香精	½ 茶匙	1 茶匙

ⓕ 尤氏瑞士巧克力奶油霜

	1/2 份	1 份
黑巧克力	255 克	510 克
细砂糖	1/2 杯	1 杯
食盐	1/8 茶匙	1/4 茶匙
塔塔粉	少量	1/8 茶匙
蛋白	2 个	4 个
无盐黄油	1 杯（2 块）	2 杯（4 块）

ⓕ 尤氏黑巧克力甘那许

	1/2 份	1 份	1¹/₂ 份	2 份
黑巧克力（72%）	225 克	450 克	675 克	900 克
淡奶油	1 杯	2 杯	2³/₄ 杯	3³/₄ 杯

测量工具转换

除非有特别说明，否则测量平面应始终保持水平。

1/8 茶匙 = 0.5 毫升

1/4 茶匙 = 1 毫升

1/2 茶匙 = 2 毫升

1 茶匙 = 5 毫升

1 汤匙 = 3 茶匙 = 15 毫升

2 汤匙 = 1/8 杯 = 30 毫升

4 汤匙 = 1/4 杯 = 60 毫升

5¹/₃ 汤匙 = 1/3 杯 = 80 毫升

8 汤匙 = 1/2 杯 = 120 毫升

10²/₃ 汤匙 = 2/3 杯 = 160 毫升

12 汤匙 = 3/4 杯 = 180 毫升

16 汤匙 = 1 杯 = 240 毫升

为梦之队喝彩

感谢我的丈夫大卫，感谢你为我所做的一切，以及将为我做的一切。感谢你成为我的伴侣、朋友，并在我们的旅程中一直紧握我的手。我永远爱你，没有你我不可能做到这一切。

感谢我的儿子，你是我一生挚爱。自从有了你，我的生活就变了，你每天都让我骄傲。感谢你给我的视角，让我能透过你的眼睛看到生活。我无比爱你。

感谢康妮——能和你一起完成这本书，我很幸运！我非常享受这个过程，而你是其中的主要部分。你的耐心、永恒的乐观以及坚定不移的信念都令人钦佩。我爱你！

感谢乔斯林——我的杀手蝴蝶。你给的力量、支持和指导永远激励着我。你给我们的 YouTube 频道带来了比在摄像机前傻笑更多的东西。每一天，你都带着你的抱负和正能量。但我喜欢你咯咯的笑声……还有绿色的果汁。我爱你。

感谢杰雷米——如果没有你的奉献、才华和牺牲，当然还有你对我们内部恶作剧的宽容，这本书就不可能出版。坦白地说，你简直太棒了！

感谢敖汗——我们的土耳其王子、图形大师，感谢你在编写《尤兰达的蛋糕教科书》时的冷静、耐心！我们都很爱你。谢谢你。

感谢拉里萨——你的微笑、正能量和奉献是一份礼物。我们感谢你为"How to cake it"所做的一切，也感谢你为我们所做的一切。

感谢切特——纯真、独一无二、无可替代的切特。我们很幸运遇到了"27岁的切特"——一个改变游戏规则的人！我们无法用言语来表达我们对你的爱和感激。

感谢泰尼尔、萨沙、艾米、瑞秋、海莉和凯特琳——你们都是神奇女侠，都是"How to cake it"的重要组成部分——我们爱你们。泰尼尔，你一开始对我们的支持我们将永远不会忘记，是你帮助我们把这个项目落地。萨沙，你是一个如此睿智、耐心、美丽的人，是我们片场的一盏明灯。艾米，你的领悟能力和洞察力让我们把和你一起共事当成一个梦想。瑞秋，你的积极、勤奋和诚信激起了我们对你的感激之情。海莉，你是我们项目启动的关键部分，你不可思议的洞察力和热情是无价的。凯特琳，你代表了真正的职业道德典范——你随时愿意投入精力，做需要做的事。在你的一生中，你会因此得到比你想象中更多的回报。

感谢我们不可思议的电子商务团队——感谢你们的辛勤工作、成长的意愿，以及积极支持我们这个神奇团队的方式！

感谢瑞安——揭秘的时刻到了：我们请你来的真正原因是我们喜欢您的摄影！感谢你成为我们不断创新的助手，感谢你为了我们的最大利益挺身而出。

感谢里克·马修斯——你在 Instagram 的分享帮我们引来了更多的粉丝，所以，你是值得我们珍视的人。你在一开始就给予了我们积极的支持，我们很高兴你能在 YouTube 上发现我们，让我们能发展这份事业。感谢整个 kin 社区所做的一切。

感谢比萨维勒和肯塔蒂家族——你们在"How to cake it"中发挥了重要作用，在打造我们的品牌方面提供了宝贵的资源。哦，还有时不时送来的美味比萨也很棒！

感谢索纳利、格雷厄姆和 YouTube 的每一个粉丝——如果 YouTube 不存在，我可能还在为某一个客户制作蛋糕。现在有成千上万的人可以像我一样享受做蛋糕的乐趣。我们非常感谢你。索纳利，你将永远是我们的"第一个"订阅者。格雷厄姆，你的指导是无价的。苏珊，你告诉我们要有远大的梦想，我们希望你也这样做。

感谢凯特·卡萨第、卡西·琼斯和哈珀柯林斯的每一个人——这是多么美妙的经历啊！感谢你们与我们一起参与，并看到了我们编写书籍的潜力。我们成功了！我们不是告诉过你们这些蛋糕没什么好看的吗？还要特别感谢加雷思·林德，在这么紧迫的期限内让这本书看起来棒极了。

感谢米歇尔——你对这本书的额外润色，使它熠熠生辉。谢谢你！

感谢莉安娜·克里斯索夫——我以前从来没有和编辑一起工作过，你的坚定支持和指导使一切发生了变化。我们都对使我们走到一起的一连串事件表示感谢。

感谢我的母亲辛蒂亚——对于这个一直支持我、让我做我想做的事情的女士，我能说些什么呢？我只希望对我儿子而言，我也是一位这样的母亲。我爱您！

致我的姐妹丽萨——我希望这本书里所有的语法都是正确的，如果不正确，我知道你一定会给我指出来的！谢谢你在我所不擅长的方面都那么优秀。我爱你！

感谢比安卡——从我们上美术课的第一天起（26 年前！）你的创造力一直激励着我。无以言说我对我们合作完成的书中图片的喜悦。我爱你！

感谢苏阿德——你是我见过的最热情、最有激情、最无畏的女士。我一直站在你的身边，希望能感染到你的热情。我崇拜你！

感谢莎莉和派翠西亚——好朋友就像星星：你不会总看到他们，但你知道他们就在那里。你是我最年长最亲密的朋友，在我的生命中永远有一席之地。

致我儿子的朋友冈克勒斯、卡斯帕和德瑞克——你们在一个完美的时刻走进了我的生活，给我带来了一个全新的视角。和你们任何一个人打一个简短的电话都会让我觉得很开心，也会让我的一天充满欢乐。

感谢我丈夫的一家，也是我的了不起的一家——你们的爱和支持意味着整个世界。没有你们，大卫和我不可能做到这些。

我们要共同感谢所有支持我们的家人、朋友和其他的朋友们，你们中的每一个人都让我们成为更好的自己，支持我们的事业，忍受我们长时间地工作、错过重要的活动以及经常筋疲力尽。因为有你们，我们才能自由飞翔！

粉丝作品分享

先观看一遍"How to cake it"的视频，然后再重新制作其中的蛋糕，你常常可以加入自己独特的创意。重做的蛋糕不需要很完美，甚至不需要接近完美。最重要的是你制作了它，在这个过程中获得了乐趣，然后和他人一起享受甜蜜的成果。在社交媒体上或"How to cake it"上分享您的作品可以加分！

非常感谢那些在每个星期二收看 YouTube、让我梦想成真的人。我感谢每一个订阅者和每一条建议，但我特别喜欢看到你们能沉浸在做蛋糕的乐趣中。"How to cake it"不仅仅是一场表演，它更是一种邀请，让你在厨房、社区和其他地方获得灵感和创意。看到来自世界各地的我的粉丝们做出的令人惊叹的作品，我的心情无比喜悦，所以请继续观看，模仿我的蛋糕，当然，还要分享！

Yo Xo

挤压瓶

琼斯·布瑞杨娜，24 岁，
美国乔治亚州马雷塔人

面包师。"当我还是个小女孩的时候，我就开始和妈妈一起烘焙了！我总是为了好玩而做蛋糕。2016 年我有了孩子，我想和他呆在家里，那时候我决定开一家枫糖小屋，这样我就可以全职烘焙和装饰蛋糕了！"

烤干酪辣味玉米片

黑尔英格·艾弗里，15 岁，美国明尼苏达州圣保罗人

超级尤尤粉。"我已经从事烘焙两年了。我喜欢 HTCI，因为看到它的时候我会很开心。我最喜欢的食物是 S'Moreo 蛋糕！"

沙滩包

崔维斯尔·阿尔芭，56 岁，美国佛罗里达迈阿密人

架构师。"烘焙给我带来了巨大的快乐，也拉近了我和家人的距离。"

甜甜圈和咖啡

苏利文·安德里亚，38 岁，加拿大安大略省布兰普顿人

自学蛋糕艺术家。"我最喜欢的 HTCI 视频应该是尤氏大纸杯蛋糕，那正是我的拿手好戏！"

独角兽爆米花

辛西娅·伊泽尔，26 岁，美国德克萨斯州米德兰人

企业主。"我从 10 岁开始烘焙，一直想成为一名糕点师。"

床上早餐

卡洛斯·费雷拉，22 岁，巴西人

面包师。"我大约 3 年前开始在面包店工作。独角兽聚宝盆蛋糕是我最喜欢的 HTCI 蛋糕。"

布兰迪·玛格丽特·林多，22 岁，美国南卡罗来纳州克莱姆市人

面包店老板。"我 15 岁的时候就开始烘焙。21 岁时，我开了一家叫克莱姆森糖果的烘焙店。我超级喜欢《尤兰达的蛋糕教科书》！尤兰达如此美丽而优雅的方式使做蛋糕变得更简单。"

沃恩弗拉特·加芙列拉，27 岁，美国亚利桑那州钱德勒人

特殊教育老师。"我喜欢为朋友和家人烘焙和装饰蛋糕与甜点。我有一个了不起的丈夫，他一直支持我，支持我所有的烘焙工作，尽管有时它会占据整个厨房！"

汉娜·阮，24 岁，澳大利亚墨尔本人

蛋糕装饰老师。"我开始在当地的慈善中心为学生们制作简单的纸杯蛋糕，有时也会在特殊场合做。我的兴趣变成了一种激情，最后我得到了一份蛋糕装饰老师的工作。"

沃德瓦·安维内斯，30 岁，印度人

餐饮公司经营者。"8 年前，我从新德里搬到了 12000 千米外的加拿大安大略省温莎市，开始了我的烘焙之旅。烘焙变成了我的一种激情，具有不可思议的治疗效果。4 年前，我搬回家开了一家餐饮公司。"

拉法亚·西迪克，14 岁，美国加州胡桃木市人

"我喜欢看 HTCI，因为它的视频总能让我开怀大笑。我最喜欢的是 BB-8 蛋糕。我喜欢电影里 BB-8 的样子。"

费瑞尔·蒙大纳，25 岁，加拿大安大略省斯卡伯勒人

蒙大纳在不需要妈妈做生日蛋糕，而是自己动手做蛋糕后，对做蛋糕产生了浓厚的兴趣。

默瑞·杰德，23 岁，澳大利亚悉尼人

"我发现观看 HTCI 非常令人欣慰。尤兰达的精确性是惊人的，她真的激励我在自己的工作中做到同样的精确性。"

萨曼莎何，33 岁，西班牙巴塞罗那人

"大约两年前，我开始烘焙，主要是出于无聊。我想尝试一些新的东西，我一直喜欢甜点和甜食。在几次成功和失败后，我被吸引住了！我的梦想是有一天能全职做蛋糕。"

塔比莎·马特尔，32 岁，
美国加州尤里卡人

超级尤尤粉。塔比莎对烘焙的热爱源于她看到奶奶在柠檬蛋糕上铺上"我见过的最光滑的冰"。现在她也喜欢看尤兰达的频道，因为尤兰达让学习和理解蛋糕变得很容易。

乔凡娜和西蒙，乔凡娜 7 岁，巴西圣保罗人

超级尤尤粉。乔凡娜和她的妈妈西蒙是我的铁杆粉丝，现在我们甚至还交换生日贺卡和礼物！

莎拉·法瓦兹，20 岁，沙特阿拉伯吉达人

"我从 2015 年开始烘焙，这已经成为我的爱好。我喜欢 HTCI，因为它让烘焙变得有趣和简单。我很感激我从你身上学到的一切。我喜欢你的特色播放列表！"

还想学习更多吗?　　　　你的蛋糕之旅不会就此结束!

看看 YouTube 上的"How to cake it",
你会发现更多有趣又大胆的蛋糕。

做自己的蛋糕

　　我展示的所有蛋糕制作细节都只是一种参考，每个人可以尽情发挥自己的想象力！各种口味蛋糕混搭，创造独特的装饰！以下是一些有关创新和设计蛋糕的方法。

混搭图案

· 在派对帽蛋糕上涂上手包蛋糕的图案。

· 试着把派对帽蛋糕上的星星装饰用在沙桶蛋糕上。

· 把粉色的小猪存钱罐蛋糕做成金色的。

· 做一台粉色或紫色、绿色、红色的推土机蛋糕。

应季性

· 用当季的饼干碎块代替礼盒蛋糕上的节日包装纸。

· 在巨型苹果棒棒糖蛋糕上添加黑色和橙色糖果，一个万圣节主题的蛋糕就诞生了。

选择完美的装饰

· 用巧克力翻糖来制作巨型蛋糕切片。

· 为什么不试试把手包蛋糕换成银质的五金件呢？就像工具箱蛋糕上的那种。

· 用巨型蛋糕切片上的樱桃和彩色糖针代替甜筒蛋糕的尖顶。

· 在手包蛋糕上镶嵌类似皇冠蛋糕上那样的珠宝，你会恨不得整天把手包拿在手上的！

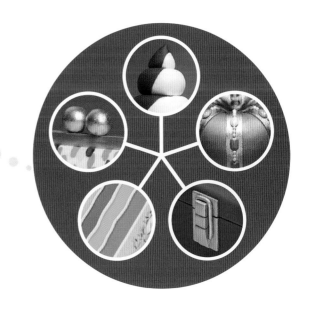

关键性的蛋糕坯

· 用招牌字母蛋糕的混色香草蛋糕糊来烘烤招财猫蛋糕坯。

· 用金字塔蛋糕中制作巧克力碎的面糊来烘烤工具箱蛋糕坯。

· 做一个全巧克力的甜筒蛋糕，换个甜筒的颜色——为什么不试试粉色呢？

尤兰达·甘普

Yolanda Gampp

尤兰达·甘普是一名自学成才的蛋糕艺术家，她一开始是在母亲的厨房里烘焙新奇的蛋糕，现在是"How to cake it"的主推手之一。"How to cake it"是一个非常成功的网络视频频道，曾获得过Webby的奖项，拥有来自世界各地的600多万名蛋糕爱好者。

尤兰达和她的作品登上过《今日秀》（Today Show）、BuzzFeed、《每日邮报》（Daily Mail）和《大都会》（Cosmopolitan）等媒体，尤兰达也在《蛋糕之战》（Cake Wars）和《糖艺决战》（Sugar Showdown）等热门美食网络节目中担任嘉宾评委。

尤兰达的父亲是一名面包师，她从小受到父亲的启发，从厨师学校毕业后发现自己真正热爱的工作是甜点，所以一门心思投入蛋糕制作中。她和丈夫（蛋糕先生）以及年幼的儿子住在加拿大的多伦多。